农业无线传感器网络关键
技术及应用研究

王 俊 著

中国水利水电出版社
www.waterpub.com.cn
·北京·

内 容 提 要

本书是农业无线传感器网络理论方面的著作，主要包括作者近十年来针对农业无线传感器网络理论及其技术方法的论文、研究报告等。作者通过理论研究、仿真模拟、计算分析及实验验证等手段，针对无线传感器网络在农业中的应用进行了深入系统的研究。

本书适合农业无线传感器领域的研究者及工程技术人员和高校学生阅读，也可供从事农业信息技术研究的读者参考。

图书在版编目（CIP）数据

农业无线传感器网络关键技术及应用研究／王俊著．
-- 北京：中国水利水电出版社，2018.11
ISBN 978-7-5170-7155-6

Ⅰ.①农… Ⅱ.①王… Ⅲ.①无线电通信-传感器-
应用-农业研究 Ⅳ.①S126

中国版本图书馆 CIP 数据核字（2018）第 262440 号

策划编辑：杨庆川　责任编辑：陈　洁　加工编辑：王开云　封面设计：周香菊

书　　名	农业无线传感器网络关键技术及应用研究 NONGYE WUXIAN CHUANGANQI WANGLUO GUANJIAN JISHU JI YINGYONG YANJIU
作　　者	王俊　著
出版发行	中国水利水电出版社 （北京市海淀区玉渊潭南路 1 号 D 座　100038） 网址：www. waterpub. com. cn E-mail：mchannel@ 263. net（万水） 　　　　sales@ waterpub. com. cn 电话：(010) 68367658（营销中心）、82562819（万水）
经　　售	全国各地新华书店和相关出版物销售网点
排　　版	北京万水电子信息有限公司
印　　刷	三河市元兴印务有限公司
规　　格	170mm×240mm　16 开本　12 印张　218 千字
版　　次	2019 年 1 月第 1 版　　2019 年 1 月第 1 次印刷
印　　数	0001—2000 册
定　　价	54.00 元

凡购买我社图书，如有缺页、倒页、脱页的，本社营销中心负责调换

前　言

　　微电子技术、计算技术、无线通信技术和低功耗嵌入式技术的发展，孕育出了无线传感器网络（wireless sensor network，WSN）。无线传感器网络被认为是 21 世纪最重要的技术之一，它将会对人类未来的生活方式产生巨大影响。无线传感器网络被美国《商业周刊》和 MIT 技术评论列为 21 世纪最有影响的 21 项技术和改变世界的 10 大技术之一。

　　无线传感器网络是一种由大量低复杂度的传感器节点通过自组织方式形成的无线网络。每个网络节点由传感模块、处理模块、通信模块和电源模块组成，完成数据采集、数据收发、数据转发三项基本功能。它是因特网从虚拟世界到物理世界的延伸。因特网的普及改变了人与人之间交流、沟通的方式，而无线传感器网络将逻辑上的信息世界与真实物理世界融合在一起，将改变人与自然交互的方式。无线传感器网络不需要任何固定网络支持、能够快速展开、抗毁性强、能够长时间执行监测任务等特点，使其在农业环境监控领域具有广泛的应用前景。

　　本书从农业无线传感器网络控制决策、节点定位、系统设计、故障诊断、抗毁拓扑结构、兴趣消息更新等方面，对农业无线传感器网络关键技术及应用进行详细的研究和探讨。本书在阐述前人的理论和方法方面不求多、不求全，而力求内容能够新颖和切合实用。本书的内容多为作者近年来发表的一些论文及研究心得以及指导研究生的成果，并吸收了国内外同行的研究成果。在本书的研究和形成过程中，特别感谢河南科技大学贺智涛博士、高颂博士、党玉功博士给予的无私帮助。特别致谢我的研究生张海洋、谭骥、杜壮壮等为本书付出的辛勤劳动。

　　编著一本关于农业无线传感器网络的内容新颖并具有理论意义和工程前景的专著，是作者多年的梦想，但因水平及能力所限，疏漏之处在所难免，殷切希望广大读者批评指正。

作者

2018 年 6 月

目　录

第1章 无线传感器网络在农业中的应用

1.1 无线传感器网络概述

1.1.1 无线传感器网络系统结构

无线传感器网络由部署在监测区域内的大量节点组成。这些节点通过无线通信的方式形成多跳自组织监控网络系统,能够协作地实时监测、感知和采集各种环境或监测对象的信息,并通过嵌入式系统对信息进行处理,最后通过随机自组织无线通信网络,以多跳中继方式将所感知信息传送到用户终端。因此,可以说无线传感器网络的出现使得逻辑上的信息世界与客观上的物理世界融合在一起,改变了人类与自然界的交互方式。人们可以通过传感器网络直接感知客观世界,从而提高人类认识世界的能力。

在无线传感器网络系统中,传感器、感知对象和观察者构成传感器网络的三个要素,其中传感器之间、传感器与观察者之间通过有线或无线网络通信,节点间以 Ad-Hoc 方式进行通信。

无线传感器网络系统结构图如图 1-1 所示。无线传感器网络系统通常包括传感器节点(sensor node)、汇聚节点(sink node)和管理节点。大量传感器节点随机部署在监测区域(sensor field)内部或附近,能通过自组织方式构成网络。传感器节点监测的数据沿着其他传感器节点逐步地进行传输,在传输过程中监测数据可能被多个节点处理,经过多跳后路由到汇聚节点,最后通过互联网或卫星达到管理节点。用户通过管理节点对传感器网络进行配置和管理,发布监测任务以及收集监测数据。

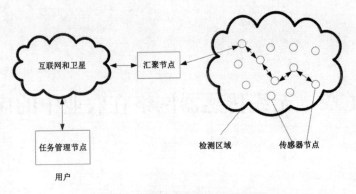

图 1-1　无线传感器网络系统结构

传感器节点通常是一个微型的嵌入式系统,它的处理能力、存储能力和通信能力相对较弱,通过携带能量有限的电池供电。从网络功能上看,每个传感器节点兼顾传统网络节点的终端和路由器双重功能,除了进行本地信息收集和数据处理外,还要对其他节点转发来的数据进行存储、管理和融合等处理,同时与其他节点协作完成一些特定任务。目前传感器节点的软硬件技术是无线传感器网络研究的重点。

汇聚节点的处理能力、存储能力和通信能力相对比较强,它连接传感器网络与 Internet 等外部网络,实现两种协议栈之间的通信协议转换,同时发布管理节点的监测任务,并把收集的数据转发到外部网络上。汇聚节点既可以是一个具有增强功能的传感器节点,有足够的能量供给和更多的内存与计算资源,也可以是没有监测功能仅带有无线通信接口的特殊网关设备。

管理节点通过实时获取的相关信息,结合专家知识经验进行分析和科学决策,为农业生产管理提供预警及决策支持。同时,用户也可以通过终端管理和分析软件来观测网络的运行状况,并能对网络中的各个节点进行管理和监控。

1.1.2　无线传感器网络基本特点

无线传感器网络作为一种新型的信息感知系统,除了具有 Ad-Hoc 网络的移动性、独立性、电源能力局限性等共同特征以外,还具有以下鲜明的技术特点。

(1)应用相关性。无线传感器网络是无线网络和数据网络的结合,一般是为了某个特定的需求而设计的。与传统网络能适应广泛的应用不同,无线传感器网络通常是针对某一特定的应用,是一种基于应用的无线网络。在应用中,各个节点能够协作地实时监测、感知和采集网络分布区域内各种环境或监测对象的信息,并对这些数据进行处理,从而获得详尽而准确的信息,将其传送到需要这些信息的用户。

（2）网络的大规模性。为了获取精确信息,在监测区域通常部署大量传感器节点,其数量可能达到成千上万,甚至更多。在大规模网络中,通过不同空间视角获得的信息具有更大的信噪比;通过分布式处理大量采集的信息能够提高监测的精确度。降低对单个节点传感器的精度要求。大量冗余节点的存在,使得系统具有很强的容错性能,还能够增大覆盖的监测区域,减少网络空洞或盲区。

（3）自组网与自维护性。对于由随机撒播大量节点而构成的传感网络而言,每个节点的地位平等,网内没有绝对的控制中心,可以在任何时刻和地点自动组网,传感器节点的位置不能预先精确设定,节点之间的关系也不确定,不像通常使用的网络固定地址和关系。这就需要无线传感器网络能够通过拓扑和网络通信协议自动地进行配置和管理,形成监测多跳无线网络。同时,单个节点或者局部几个节点由于环境改变等原因而失效时,网络拓扑应能随时间动态变化。这就要求无线传感器网络具备维护动态路由的功能,才能保证网络不会因为部分节点出现故障而瘫痪。

（4）以数据为中心。在无线传感器网络中,各节点内置有不同形式的传感器,用以测量热、红外、声呐、雷达和地震波等信号,从而探测包括温度、湿度、噪声、光强度、压力、土壤成分、移动物体的大小、速度和方向等众多的数据。用户关心的是从网络中获取的信息而不是网络本身,所以以数据为中心是无线传感器网络区别于传统通信网络的主要特点。

（5）路由多跳性。网络中节点通信距离有限,一般在几十米到几百米范围内,节点只能与它的邻近节点直接通信。如果希望与其射频覆盖范围之外的节点进行通信,则需要通过中间节点进行路由。网络的多跳路由通常使用网关和路由器来实现,而无线传感器网络中的多跳路由是由普通网络节点完成的,没有专门的路由设备。因此,每个节点既可以是信息的发起者,也可以是信息的转发者。

（6）网络动态性。无线传感器网络是一个动态的网络,网络中的传感器、感知对象和观察者三要素都可能具有移动性。另外,新节点的加入、已有节点故障或失效及环境条件变化所造成无线通信链路的带宽变化,都会引起无线传感器网络结构的变化。这就要求传感器网络能够适应结构的随时变化,具有动态系统的可重构性。

（7）节点的可靠性。传感器节点往往要工作在恶劣的环境下,甚至遭到破坏,如有时要利用飞机空投或发射炮弹来进行网络节点的部署,所以要求节点非常坚固、不易损坏以及能适应各种恶劣环境。由于传感器节点数量很大,监测的环境面积很大,具体的节点位置会时常发生变化,所以不可能人为地进行网络维护。为了防止监测数据被盗取,要求无线传感器网络具有保密性和安全性,要求整个网络的软、硬件具有很好的鲁棒性和容错性。

(8)节点能量、存储空间和处理能力的有限性。在无线传感器网络中,传感节点数量众多。为降低网络成本,传感节点的体积、存储空间、处理能力都受到很大的限制。在通常情况下,传感节点都布置在偏远、恶劣的环境中,能源由电池提供且难以做到能源的替换,节点能量十分有限。因此,如何克服节点的局限性、降低能耗或者使节点具备成熟的自动获取能源的能力,是目前无线传感器网络设计领域的一个重要技术问题。

1.1.3　无线传感器网络关键技术

无线传感器网络作为当今信息领域新的研究热点,尚有许多关键理论与技术问题有待研究,主要研究内容有以下几个方面:

(1)网络拓扑控制。无线传感器网络是自组织网络。在保证网络连通和覆盖的前提下剔除不必要的通信链路。形成数据转发的优化网络结构具有重要意义。通过拓扑控制自动生成良好的网络拓扑结构,能够提高路由协议和 MAC 协议的效率,从而节省节点能量以延长网络生存期,并为数据融合、时间同步和目标定位等奠定基础。

(2)网络协议。传感器网络协议负责使各个独立的节点形成一个多跳的数据传输网络。由于传感器网络节点的计算能力、存储能力、通信能力以及携带的能量都十分有限,每个节点只能获取局部网络的拓扑信息,其运行的网络协议也不能过于复杂,无线传感器网络除结构动态变化外,网络资源也在不断变化,这些都对网络协议提出更高的要求。目前,研究的重点是网络层路由协议和数据链路层协议。网络层的路由协议决定监测信息的传输路径;数据链路层的介质访问控制用来构建底层的基础结构,控制传感器节点的通信过程和工作模式。

(3)时间同步。实现时间同步是传感器网络系统协同工作的关键机制之一。无线传感器网络的一些固有特征,如能量、存储、计算和宽带的限制,以及节点的高密度分布,使传统的时间同步算法无法适用。因此,越来越多的研究集中在设计适合无线传感器网络的时间同步算法。目前,已提出多个时间同步机制,其中 RBS(reference broadcast synchronization)、Tiny/Mini-Sync 和 TPSN(timing-sync protocol for sensor network)被认为是三个基本的同步机制。

(4)定位技术。位置信息是传感器网络节点采集数据过程中不可缺少的部分。在某些应用中,没有位置信息的监测消息通常毫无意义。确定事件发生的位置或数据采集的节点位置是传感器网络最基本的功能之一。根据无线传感器网络的自身特点,定位机制必须满足自组织性、健壮性、能量高效性和分布式计算等要求。目前,主要的定位机制有 TOA(time of arrival)、TDOA(time difference of arrival)、AOA(angle of arrival)和 RSSI(received signal strength indication)。

(5)网络安全。无线传感器网络做为任务型网络,不仅要进行数据传输,还要进行数据采集、融合及任务协同控制等。如何保证任务执行的机密性、数据产生的可靠性、数据融合的高效性以及数据传输的安全性,就成为无线传感器网络需要全面考虑的安全问题。为了保证任务的机密布置和任务执行结果的安全传递和融合,无线传感器网络需要提供基本的安全机制,如机密性认证、点到点的消息认证、完整性鉴别、新鲜性鉴别、认证广播和安全管理等。

(6)数据融合。数据融合是将多份数据或信息进行处理,组合出更有效、更符合需求的数据过程。由于无线传感器网络存在能量约束,因此需要数据融合以减少传输的数据量,有效节省能量。又由于传感器节点的易失效性,因此传感器网络也需要数据融合技术对多份数据进行综合,以提高信息的精确度。数据融合技术可以与传感器网络的多个协议层次进行结合。在传感器网络的设计中,只有面向应用需求设计针对性强的数据融合方法才能最大限度地获益。但数据融合技术也存在缺点,它节省能量、提高信息准确度是以牺牲延迟性和鲁棒性等性能为代价的。

(7)数据管理。从数据存储的角度看,传感器网络可被视为一种分布式数据库。以数据库的方法在传感器网络中进行数据管理,可以将存储在网络中的数据逻辑视图与网络中的实现进行分离,使传感器网络的用户只需要关心数据查询的逻辑结构,而不用关心细节实现。无线传感器网络数据管理系统的结构主要有集中式、半分布式、分布式以及层次式结构。无线传感器网络中数据的存储采用网络外部存储、本地存储和以数据为中心存储等方式。

(8)嵌入式操作系统。在无线传感器网络中,每个传感器节点都是一个微型的嵌入式系统,内部的硬件资源有限,需要操作系统对其有限的内存、处理器和通信模块进行节能高效的使用,并提供最大的支持。在无线传感器网络的操作系统支持下,多个应用可以并发地使用系统的有限资源,因此,嵌入式系统也是传感器网络领域的重要研究内容。

1.2　应用背景

目前,我国农业正处于由传统向现代转变的关键时期,这个阶段必然要求以科学发展观统领农业、农村工作,加快农业增长方式、节约使用自然资源和生产要素,优化农业、农村经济结构提高土地产出率、资源利用率、劳动生产率,减少污染,实现农业可持续发展。我国农业已进入了"工业反哺农业,城市支持农村"的历史发展新阶段。

2004~2007 年,中央连续发布的 4 个"中央一号文件"都有不同鲜明的主题,在以前政策的基础之上明确提出,社会主义新农村建设要把建设现代农业放在首位。在目前农业自然资源不断减少、生态环境没有扭转恶化趋势的情况下,农业要想进一步发展,就必须要求农业转变增长方式,必须加快推进农业生产手段、生产方式和生产理念的现代化,实现农业又好又快发展。

现代农业的核心是科学化,特征是商品化,方向是集约化,目标是产业化。信息技术的发展和应用,加快了现代农业发展的节奏,信息技术尤其对科学技术的传播、市场供求的对接等起到了革命性的推动作用。数字农业作为农业信息化科学技术研究的重要内容,其科技创新成果的农业示范应用,将是 21 世纪农业科技进步的重要标志之一。信息的获取(测试、传感、计量技术)、传输(通信技术)、处理(计算技术)和应用(系统集成与建设现代农业)是数字农业研究的四大要素。

先进传感技术和智能信息处理是保证正确定量获取农业信息的重要手段。随着现代微电子技术、微机电系统、嵌入式系统、无线通信技术、信号处理技术、计算机网络技术等的发展,传统的传感器信息获取从独立的单一化模式向集成化、微型化方向发展,进而向智能化、网络化方向发展,成为农业应用过程中信息获取的最重要和最基本技术之一。

早在 20 世纪 70 年代,就出现了将传统传感器采用点对点传输、连接传感控制器而构成传感器网络的雏形。随着相关学科的不断发展和进步,传感器网络同时还具有了获取多种信息信号的综合处理能力,并通过与传感控制器的相连,组成了有信息综合和处理能力的传感器网络。从 20 世纪末开始,现场总线技术开始应用于传感器网络,人们用其组建智能化传感器网络,大量多功能传感器被运用,并使用无线技术连接,无线传感器网络逐渐形成。

无线传感器网络是顺应以上趋势而产生的新技术,综合微电子、嵌入式计算、现代网络及无线通信、分布式信息处理等先进技术,能够协同地实时监测、感知和采集网络覆盖区域中各种环境或监测对象的信息,并对其进行处理,处理后的信息通过无线方式发送,同时以自组织多跳的网络方式传送给观察者,是具有大规模、无线、自组织、多跳、无分区、无基础设施支持特征的网络。

传感器网络为农业各领域的信息采集与处理提供了新的思路和有力手段,弥补以往传统数据监控的缺点,已经成为农业科技工作者的研究热点。借助这种技术手段,能够实时提供用户/农民地面信息(空气温湿度、风速风向、光照参数、CO_2浓度)、土壤信息(土壤温度、湿度、张力、墒情)、营养信息(pH 值、EC 值、离子浓度)、有害物监测与报警(动物疾病和植物病虫害)、生长信息(植物生理生态信息、动物健康监测)等。这些信息为用户调整相关策略,帮助农民及时发现问题,并准确地确定发生问题的位置,这样农业有可能渐渐地从以人为中心、依赖于孤立机械的生产模式,转向以信息和软件为中心的生产模式,从而大量使用各种自动化、智能化和网络化的生产设备,真正实现无处不在的数字农业。

由于农业生产覆盖区域很大,需要由大量传感器节点构成监控网络,采集土壤湿度、N 元素浓度、pH 值、降雨量、空气温湿度和气压等信息,以帮助及时发现农业生产中的问题。由于科学技术发展的阶段和水平不同,所采取手段的先进程度也不同。在传统的农业生产中,农业信息的获取一般通过人工记录和分析,然后手工输入计算机,由上层的信息管理软件进行处理,将数据保存到数据库或生成相应的报表。目前,常用的采集系统,以信息采集为主,能将现场数据直接通过采集器或控制单元送入计算机,同时完成相关的处理分析。从现场传感信息获取到操作间的数据分析决策,基本上都是采用有线方式(图 1-2、图 1-3),给现场安装维护带来不便。采用无线传感器网络构建监控网络,具有部署方便、成本低廉等优势,可以有效地实现环境信息的采集和传输,是农业环境信息测控的重要发展趋势。

图 1-2　传统温室内传感器布线 1

图 1-3　传统温室内传感器布线 2

作为十大改变未来世界新兴技术之首的无线传感器网络,正在被迅速普及应用。无线传感器可与信号处理电路、无线通信单元集成在一起,价格很低,尺寸很小,实现低功耗的信息采集与处理装备,实际上任何元件都可以嵌入到一个微型无线传感系统,并与许许多多的其他器件网络相连接,从而影响到人类行为的一些重要变化。信息与通信技术的快速发展,已给全球农业发展带来明显影响,成为加快传统农业现代化的驱动力。新技术的装备与应用提升了产业竞争力,无线传感器网络的广泛应用必将给农业带来重大变革。

1.3 国内外现状

1.国外研究与应用情况

发达国家在利用网络通信技术进行农业科学技术传播与推广,以及进行远程咨询服务等方面开展了大量研究。Serodio 等开发了一个近似分布式的无线数据采集和控制系统,用于管理一组温室。在每个温室中,基于 433.92MHz 的无线网络用来连接传感器网络和本地控制器,控制器区域网络用来连接执行器网络和本地控制器,几个本地控制器通过另外的 458MHz 射频连接到一台中心PC,高层次的数据通信通过以太网连接中心 PC 和远端网络。

McKinion 等建立的基于无线网络的通信系统,将农场内的机器如棉花采摘机、喷灌机、变量施肥机和个人通信设备与基站相连,通过无线通信网络为这些机械提供农田信息和操作指导。

Mizunuma 等配置了一个农田和温室的无线局域网用于监控作物的生长,并实现生产系统的远程控制,研究结果认为这种远程控制策略模型能够有效改善生产力,并大大减少人力需求。

Hirafuji 等在利用无线传感和通信技术监测作物长势方面进行了更深入地研究。他们研究开发的农田服务器(field server, FS)是一种自动农田信息采集设备,可以在农田自动测量环境温度、湿度、风向和风力、土壤温度、土壤水分等参数,24h 连续监测农田作物的长势状态,有特殊的传感器和计测装置观察农田虫害情况并记录害虫的密度。系统采用无线通信技术与互联网相连,可以在世界上任何地方通过互联网或手机获得观测数据或实施观测农田作物长势。该系统的另一个特点是采用先进的网格技术进行信息的发布与获取。

图 1-4 所示为以色列耐特菲姆灌溉公司提出的无线作物监控系统,采用星形无线数据传输通信方式测量气象信息、土壤信息等构建无线作物监控系统,这也是目前主流的无线测量模式。

随着无线传感器网络的提出和深入研究,国外在该领域已初步推出相关产品并得到示范应用。美国加州 Grape Networks 公司为加州中央谷地区的农业配置了"全球最大的无线传感器网络"。该网络覆盖 50 多英亩(1 英亩 =

$4046.86m^2$）地,配置 200 多个传感器,通过网络传送葡萄园的关键数据,包括精确的传感器位置、温度、湿度和光照度。传感器模块是可移动的,被埋置于葡萄树旁边。葡萄园操作经理可以在任意网络蜂窝电话或电脑上观看数据,还可以通过网络或电子邮件设置临界值。

该公司的负责人认为:"该应用将有限的网络世界连接到真实的世界。互联网在 20 年内需要改变,但是仍局限于虚拟世界,我们公司将虚拟世界和真实世界连接,将一个全新的领域带入了因特网。"该公司开发的 Climate Genie 系统,综合运用互联网、数据库管理软件、智能机器、低功耗无线电接收装置和小型传感器。

研究人员把无线传感器节点布放在葡萄园内,测量葡萄园气候的细微变化(图 1-5)。他们发现葡萄园气候的细微变化可极大影响葡萄酒的质量。通过长年的数据记录以及相关分析,便能精确地掌握葡萄酒的质地与葡萄生长过程中的日照、温度和湿度的确切关系。葡萄园在配置了这种传感器网络系统之后,可以得到甚至比现今的精准农业技术更高级别的监控。葡萄园管理人员将传感器模块采集的数据在网络内部汇总,通过 WiFi、蜂窝数据或者卫星发送到互联网,可在全球范围内通过网页浏览器观看。

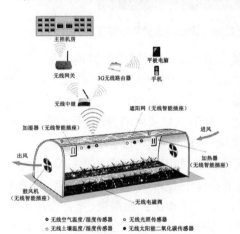

图 1-4　以色列耐特菲姆的无线作物监控系统　　**图 1-5　无线传感器网络在葡萄园的应用**

2002 年,Intel 研究中心伯克利实验室研究人员采用通常的跟踪方法来了解缅因州海岸的大鸭岛生态环境,生物学家借助传感器网络对海燕的生活习性进行了细微观测。因为人的存在会惊扰这些比较敏感的小生命,无人值守的传感器网络实施监测便有了用武之地。

海燕监测项目中带有摄像头的传感器节点安装在海燕巢穴中,红外传感器用于探测海燕是否在巢内,温度、压力、湿度和海拔高度等各种有用的数据被周期性采集,通过层次性的网络最终被汇聚到数据处理中心,并将数据传输到300英尺外的基站计算机,再由此经卫星传输至美国加利福尼亚州的服务器(图1-6)。类似的借助传感器网络进行生态观测与研究的项目还有很多,如红杉树观测、生态系统监测等,均在各自的应用领域取得了不小的反响。

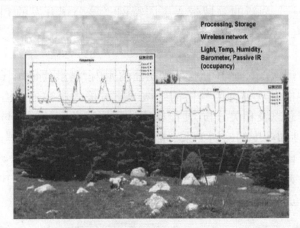

图1-6　无线传感器网络用于检测大鸭岛的生物环境实景图

澳大利亚 CSIRO 研究中心开发了基于无线传感器网络的智能农场(Smart Farm),可以增强农业发展的可持续性,提高牲畜和农作物的生命力,克服水和劳动力等资源日渐紧张的问题。传感器由一群节点组成网络,覆盖整个农场。每个节点测量土壤湿度等各种信息,通过相邻节点形成网络,数据用无线方式传送到中央数据库,经分析可获得土壤湿度图,以确定最有效的灌溉方式。

CSIRO 研究中心利用网络和 GPS 定位设备可以监视和了解奶牛的行为(图1-7),建立在不同环境下牲畜行为的模型。该中心采用10个微气候节点用于昆士兰大学的温室育苗(图1-8),节点测量空气和土壤温湿度、光合作用有效辐射情况,最终采用 Fleck 的控制功能来控制喷雾等设备,达到优化作物生长环境的目的。

图 1-7　GPS 网络节点用于家畜跟踪

图 1-8　传感器网络用于温室育苗

2008 年 1 月, Crossbow 公司推出了专门为精准农业设计的 eKo 专业套件。eKo 代表了下一代用于精准农业监测的前沿技术, 引入 Mesh 无线传感器网络, 通过网页浏览器为用户提供农作物健康、生长情况的实时数据。

eKo 的特点主要体现在以下几个方面。

（1）太阳能供电。部署在野外的无线节点不需要电源供电, 可以部署在任何需要的地方。

（2）安装简单, 方便使用。远程通过 Web 可以查看网络数据, 用户可设置自定义的趋势图和报警值。

（3）可靠的无线 Mesh 网络。具有自组织、自愈合的特点（图 1-9）。因此, 对于非技术人员, 容易安装并且网络具有可扩展性, 节点可以自动加入网络中: 该套件可以为用户节约投入、降低损失风险、增加产量, 并可以长期提高农作物质量, 从而可以为用户长期增加收益和保持竞争优势。从可靠性、灵活性和简便性方面而言, eKo 的无线 Mesh 网络基于数据重发、自组织、自愈合、自动检索新节点等机制, 更容易部署和扩展网络的覆盖范围。eKo 解决了传统种植业高产量必定低品质、高品质必定低产量的问题。通过 eKo 采集的数据而实现精确农业, 更高平均价格的同时可获得更高产量, 在农作物无线监测的应用中达到一个新水平。

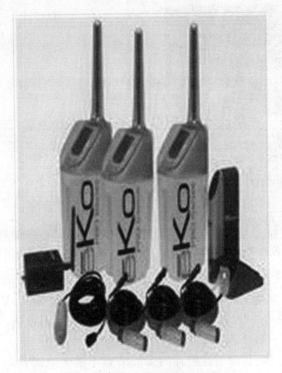

图 1-9　eKo 系统构成示意图

由此可见,目前国外针对无线传感器网络的农业新技术产品正在日趋成熟,且针对农业提供了一些方案,不过很多产品还是处于示范应用状态,同时很多产品主要针对工业应用,针对农业应用的特殊性考虑不足。

2.国内研究与应用情况

国内在无线传感器网络领域的研究基本与国外同步,已经取得了一些初步成果,但针对农业领域应用相关研究的成果并不多见:一些成果是把无线传输技术(GSM/GPRS、蓝牙、无线局域网、数传模块等)简单地用于农业应用环境,不是真正意义上的无线传感器网络应用,没有体现出无线传感器网络的优点,但这些研究为无线传感器网络的农业应用打下了良好基础。

例如,中国农业科学院环境发展研究所研制的基于 GPRS 和 Web 技术的远程数据采集和信息发布系统方案(图 1-10),通过 RS485 总线与数字传感器连接,并与 PC 监控计算机构成温室现场监控系统。通过 GPRS 无线通信技术建立现场监控系统与互联网的连接,将实时采集信息发送到 Web 数据服务器。系统软件核心技术采用 MS VB. NET 和 ASP. NET 开发而成,构建了基于B/S(Browser/Server)的"瘦用户"模式,通过浏览器不仅可实时浏览监测数据,而且能进行历史数据的查询。

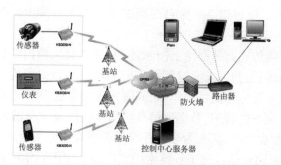

图 1-10　无线远程数据采集和信息发布系统

　　国家农业信息技术研究中心研制了温室、禽舍远程监控系统(图 1-11)。华南农业大学、江苏大学也有类似的无线解决方案。浙江大学研制了蓝牙数据采集系统,应用于日光温室,这些都是早期研究无线网络的一些成功实例。

图 1-11　温室和禽舍远程监控系统

　　宁波中科无线通信事业部即深联科技公司在传感器网络软、硬件开发推广方面已经取得较大的进展,形成具有自主权的产品,在慈溪市蔬菜大棚项目中构建了基于传感器节点的无线采集系统。中国科学院自动化研究所将无线传感器网络应用于沈阳玫瑰园环境监测,一共布置 8 个节点和 1 个网关,实现整个观光温室环境数据的采集。

　　中国台湾大学和试方科技有限公司联合在中国台湾的生态测量领域首次尝试运用无线传感器网络进行不同森林微环境的资料收集,以提供生理生态及物候的相关数据。在中国台湾大学的试验林区,采用 30 个 Mote 节点,其中 2 个为汇聚节点(基站),每隔5min测量一次杉林和银杏林3m高的气温和相对湿度,以及柳树林8.45m、银杏树9m及11m高的气温和相对湿度。汇聚节点离最远观测点的Mote为420m。

所有测量点除传感器外都涂上防水漆,安装于通风筒内,可以快速拆装,适应高湿状态区内应用,并可以通过网页实时监测。项目研究为无线传感器网络在林业复杂环境下的应用提供了思路,同时发现测量过程中出现了一些问题,如传感器在暴雨情况下的防护、数据通信在林间传输的成功率偏低、3号电池使用时间偏短、测量参数少等,这也为今后开展相关研究与应用提供了借鉴。

2005年,国家农业信息化工程技术研究中心与中国科学院计算技术研究所联合承担的北京市科技计划项目"蔬菜生产智能网络传感器体系研究与应用"项目,研发了适合农业领域应用的无线传感器网络软硬件产品,构建了蔬菜生产网络平台。该项目的成果得到大面积推广,具体介绍见本书后续内容。2007年,该中心与清华大学电机与工程系进行合作,在国家精准农业示范基地安装示范。中国科学技术大学、湖南大学、华南理工大学、香港理工大学都有针对农业环境进行的相关研究。在国家"十一五"阶段,科技部、教育部等部门对无线传感器网络在温室、物流、灌溉等领域进行经费支持,得到广大农业工作者的重视。不过就整体而言,无线传感网络的农业应用还处于起始阶段,还需要众多科研技术人员的参与和努力。

1.4　传感器网络在现代农业领域的应用

1.4.1　设施农业

设施农业作为农业高新技术的展示场所,在西方发达国家备受重视。目前,已形成设施制造、环控调节、生产资材为一体的多功能体系。以荷兰为代表的欧美国家设施规模大、自动化程度高,主要用于蔬菜和花卉的生产,温室内温、光、水、气、肥均通过计算机调控。从品种选择、栽培管理到采收包装形成了一整套完整规范的技术体系,番茄、黄瓜等实现了一年一大茬的无土长季节栽培,采收期长达9~10个月,黄瓜平均每株采收80条,番茄每株采收35穗果,平均产量为60kg/m^2(国内一般为6~10kg/m^2),创造了当今世界最高产量水平和效益水平。

日本、韩国等东亚国家的设施规模较小,自动化程度较低,但栽培的种类却较多,除了生产蔬菜和花卉外,还有不少果树。另外,美国、日本等国推出了代表当今世界最先进水平的 5 座全封闭生产、人工补充光照、全部采用电脑控制、由机器人或机械手进行移栽作业的"植物工厂"。我国改革开放以来,以日光温室、塑料大棚、遮阳网覆盖栽培为代表的设施园艺取得了长足进步。其中日光温室主要是利用太阳能为光源和热源,与传统温室相比节能效果显著,是符合现阶段中国国情的农业设施。

但是目前,我国采用的设施结构简陋、技术落后、规模太小,如日光温室的土地有效使用率仅为 45%,亩产量仅为 5000～7000kg,与发达国家的水平相差甚远。目前温室控制以人工经验操作为主,而作为反季节栽培的温室蔬菜生产受环境因素影响较大,对菜农的科技水平要求很高。有相当部分的菜农由于生产管理技术水平的限制,即使在同样的设施条件和使用相同的栽培品种,所获的产量和效益也较差,这些问题都值得思考和研究。

由于我国温室种类多、分布地域广,采用有线通信方式测控产品时,安装成本较高,维护工作量大,电源供给不便。构建温室无线测控网络系统,实现温室信息采集自动部署、自组织传输和智能控制,是适合我国国情的。把无线传感器网络应用于设施农业中,将提高我国温室生产的科技含量和综合竞争能力,大幅度提高温室单位面积的劳动生产率和资源产出率,促进高产优质和增收增效,实现温室作物生产的可持续发展具有重要意义。

我国科技人员在温室无线测控方面进行了有益的探索,取得了一些成果。曹洪太等人提出一种针对温室环境监测的基于 Web 数据采集和信息发布系统设计方案,该系统能通过互联网远程浏览访问温室现场数据,也能对系统运行参数进行远程修改和设置。吴金洪等人针对现代温室的生产和发展需要,研发了一种由计算机与 AT89S53 单片机系统为核心的温室无线数据采集系统,通过 CC2420 无线收发模块实现温室内各种生长环境检测传感器的无线化。张西良等人提出一种温室无线数据采集系统,通过 CC2420 无线收发模块实现温室内各种生长环境检测传感器的无线化。乔晓军等人也在分析无线传感器网络技术、微机电系统技术、无线通信技术、嵌入式计算技术和分布式信息处理技术基础上,针对农业应用环境的具体特征,提出无线传感器网络硬件平台的设计方案,这种硬件平台无论是行业应用还是算法及协议验证方面,都具有良好的性能和前景。

图 1-12 所示为通过无线传感器节点测量温室的室外气象信息、室内环境信息、作物生理生态信息和视频信号的测控网络架构,将采集的数据通过汇聚节点以 GSM/GPRS、蓝牙、无线局域网或以太网方式发送给用户和远程数据服务器。同时,用户对采集的数据做出分析,来控制温室的执行机构(如补光灯、顶

窗、侧窗、风机的电机、灌溉的电磁阀等）。对温室的控制达到最优化,实现随时随地通过网络远程获取温室状态,并控制温室各种环境,使作物处于适宜的生长环境。图 1-13 所示为无线传感器网络对温室群的控制。

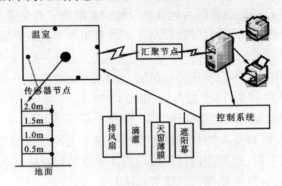

图 1-12　温室无线测控网络的架构

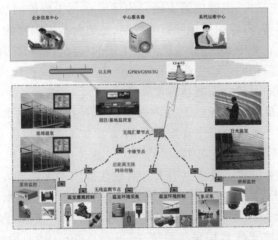

图 1-13　温室群无线传感器网络的应用

1.4.2　节水灌溉

水是农业的命脉,也是整个国民经济和人类生活的命脉。水资源状况和利用水平已成为评价一个国家和地区经济能否持续发展的重要指标。我国是水资源相对贫乏的国家,年均降水量为 630mm,低于全球陆面和亚洲陆面的降水量;年平均淡水资源总量为 28000 亿 m^3,人均占有水量仅 2300m^3,只相当于世界人均水平的 1/4,居世界第 109 位,是世界上人均占有水资源最贫乏的 13 个国家之一;耕地水资源占有量 28500m^3/hm^2,为世界平均数的 4/5。

另外,我国水资源时空分布严重不平衡,降水东南多、西北少,山区多、平原少,雨量大致由东南向西北递减。81%的水资源集中分布在长江流域及以南地区,长江以北地区的人口和耕地占我国的45.3%和64.1%,而水资源却只占全国的19%,人均占有量为517m³,相当于全国人均量的1/5和世界人均量的1/20,水资源与生产发展不相适应的程度突出,土地沙漠化趋势日趋严重。尤其是西北干旱地区的新疆、青海等地的大面积戈壁滩,因无灌溉,也就没有农业。降水年内分配不均,冬春少雨、夏秋多雨,汛期雨量过于集中,常以暴雨形式出现.利用难度大,非汛期则水量缺乏。降水量年际变化也大,丰水年与枯水年相差悬殊,使水旱灾害频频发生,甚至同一地区有时旱涝接踵而至,交替成灾。

从全国对水资源量总的需求来看,在出现中等干旱的情况下,全国总需水量为5500亿 m³左右,缺水量为250亿 m³左右。若考虑供水中的地下水超采和超标准污水直灌等不合理供水因素,则全国实际缺水量为300亿~400亿 m³。农业是我国的用水大户,约占全国总用水量的73%,但有效性很差,水资源浪费十分严重,渠灌区水的有效利用率只有40%左右,井灌区也只有60%左右,每立方米水生产粮食不足 1kg。而一些发达国家水的有效利用率可达80%以上,每立方米水生产粮食大体都在 2kg 以上,其中以色列已达2.32kg。由此说明,我国各种节水农业技术的综合应用程度还十分低下,与发达国家相比存在着很大差距。同时,这也使我们看到了在中国发展节水农业的巨大潜力和广阔前景。

具体从技术上考虑,可以采用传感器网络控制节水设备。如果采用具有简单控制功能的无线传感器网络节点,利用电池供电通过相关的电源处理,可以控制不同中小功率的直流电磁阀(电动水动电磁阀、减压阀、调压阀、安全阀及流量控制阀等),加上节点的休眠状态,可将网络的工作时间延长到一年以上,如果采用太阳能电池板,能源方面就不需要过多地考虑。

如果在灌区部署传感器网络,由于传感器网络多跳路由、信息互递、自组网络及网络通行时间同步等特点,可使灌区内的传感器节点数量不会受到限制,能灵活增减轮灌组。加上节点具有的水利信息、土壤、植物和气象等测量采集装置,综合灌区动态管理信息采集分析技术、作物需水信息采集与精量控制灌溉技术、专家系统技术等,可以构建高效的农业节水灌溉平台。通过在温室、庭院花园绿地、高速公路中央隔离带、农田井用灌溉区等区域实施网络化控制,实现农业与生态节水技术的定量化、规范化、模式化和集成化,促进节水农业的快速和健康发展。

图 1-14 所示为 Digital Sun 公司研发的自动化无线传感器系统,该系统能够在没有工作人员管理与控制的情况下,有效且全自动地管理洒水灌溉工作。具体工作流程如下:

图 1-14　Digital Sun 公司的智能化洒水灌溉系统

　　若干个传感器节点埋设在土壤中,将接收器(汇聚节点)安装在灌溉现场角落或中心位置,传感器与汇聚节点通过无线技术通信。传感器能够全天 24h 对土壤环境进行连续性监控,主要采集土壤湿度、土壤所含水分的饱和度。接收器具有数据分析处理功能,能够根据土壤湿度来决定何时洒水,以及随时控制洒水的水量。

　　例如,洒水量已充足或正值下雨,则系统会自动停止洒水。当所在地点的气温过高、过热时,传感器节点监测出土壤干燥,此时汇聚节点会自动计算洒水量,并通知洒水系统开始执行洒水操作。灌溉洒水系统同时具有自监测报警功能。美国雨鸟灌溉公司也有类似的产品,主要是利用作物蒸发蒸腾量、土壤湿度和降水量等因素,控制不同区域的无线电磁阀,达到精密控制灌溉量。

　　本书后续内容将介绍无线传感器网络与目前应用广泛的滴灌技术结合,采用传感器网络实现大面积农业自动灌溉的技术方案,为传感器网络在农业中的应用拓宽思路。实现大面积的自动化农业灌溉,解决大农业生产力严重不足的问题。由于无线技术不存在线路布放问题,便于大规模的机械化农业生产,符合大田农业生产的特点和发展方向。该技术应用不仅可大幅节省农业生产中生产资料的消耗,结合滴灌技术实现定时、定量灌溉,缓解水资源紧张问题,并且在有限的资源下可以进一步扩大耕种面积,经济效益和社会效益非常大。

1.4.3　农产品安全生产与物流配送

　　现代传感器和信息技术的发展,已经为实现农产品物流过程中有效的动态监测和跟踪提供了必要的技术条件。高灵敏度、抗干扰、性能稳定的传感材料和技术,为研制实时快速的农产品品质检测的专用传感器提供了材料保证。系统分析方法和模拟模型技术在定量分析和模拟预测农业生产系统和生产对象产前生理生态过程的成功应用,促进了国内外农业由传统的经验型向精确的数字农业方向发展。

　　集成 RFID、GIS、GPS 和无线传感器网络为一体的农产品安全生产及物流配送管理系统,具有实时跟踪和监控功能。RFID 技术是一种非接触的自动识别技术,具有识别快速、准确、重复性好、穿透性强和数据容量大等优点,适用于农产品物流领域的不同环节对农产品信息的监控,为构建快速、准确、高效的农产品生产管理和质量追溯体系提供良好的技术方法。

　　GPS 具有全天候、高精度、自动化实时定位和跟踪功能,已广泛应用于交通、运输管理等行业。将 GPS 技术引入到农产品物流领域,可实现物流过程中产品地理位置的实时定位和跟踪。在数据传输方面,依靠已有的 GSM/GPRS 无线网络进行监测数据的实时传输,将有效提高物流过程中监测数据的传输效率,实现大容量数据的无线传输。

　　图 1-15 所示为农产品物流过程中品质的动态监测和跟踪平台。图 1-16 所示为农产品配送跟踪系统。基于多通道信息采集技术和无线传感网络技术的农产品物流过程品质动态监测系统,可非常便捷地监测物流过程中农产品品质的变化情况,将为控制和保障农产品的质量和安全、建立完善的物流监督机制提供技术保障。借助于先进的技术手段,实现物流过程中产品品质、标识和地理位置的跟踪定位和分析处理,建立高效、低成本的现代农产品物流跟踪系统和服务平台。

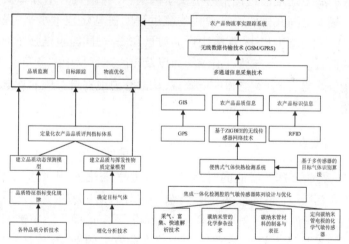

图 1-15　农产品物流过程中品质的动态监测和跟踪平台

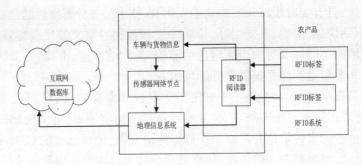

图 1-16　农产品配送跟踪系统

将传感器网络技术引入农产品现代物流行业,农产品物流体系的逐步完善和健全,对增加农民收入、提高农业效益、促进农业经济的发展有着重要作用,对减少土地资源浪费、减少化肥农药的使用、降低农业环境污染有着积极的作用。随着我国经济和社会的发展,农产品物流过程中品质的动态监测与跟踪有广泛的应用前景,不仅适用于农产品物流,还适合于其他物流领域。

减少农产品中途运输过程中的不安全因素,在我国具有十分重要的现实意义。这将大幅度提高我国农产品现代物流过程的信息化技术水平,提高流通速度,降低流通成本,减少损失,保障农产品质量和安全,同时也增强了对农产品质量和安全的监督能力、农产品可追溯能力以及在国际贸易中的竞争能力,必将产生巨大的经济效益、社会效益和环境效益,从而有力地促进我国农业和农村经济的快速发展。

1.4.4　精准农业

20 世纪,农业高速发展的同时,带来了农业水土流失、土壤生产力下降、农产品和地下水污染、生态环境恶化等问题,引起国际社会的广泛关注。生态农业、有机农业和精准农业等先进技术在这种环境下应运而生。精准农业是现代农业与高新技术相结合的产物,是当今世界农业发展的新潮流,是一种由信息、遥感及生物技术支持的定时、定量实施耕作与管理的生产经营方式。

在技术层面上,精准农业是将现代信息技术与农业技术、工程技术集成应用于获取农田高产、优质、高效生产的现代农业生产技术体系。它的基本含义是根据作物生长的土壤性状,调节对作物的投入。也就是说,一方面查清田块内部的土壤性状与生产力空间变异;另一方面确定农作物的生产目标,进行"系统诊断、优化配方、技术组装、科学管理",调动土壤生产力,以最少或最节省的投入达到同等收入或更高的收入,并改善环境,高效利用各类农业资源。

通常精准农业由 10 个系统组成,即全球定位系统、农田信息采集系统、农田遥感监测系统、农田地理信息系统、农业专家系统、智能化农机具系统、环境监测系统、系统集成、网络化管理系统和培训系统。它的核心是建立一个完善的农田地理信息系统,可以说是信息技术与农业生产全面结合的一种新型农业。精准农业并不过分强调高产,而主要强调效益。它将农业带入数字和信息时代,是21 世纪农业的重要发展方向。

在精准农业技术体系中,农田信息采集系统和智能化农机具系统都是无线传感器网络应用的重点,具体体现在空间数据获取、精准灌溉、变量技术和农田信息采集 4 个方面。

1.空间数据获取

在作物管理和空间变量研究中,一般包括数据采集系统、管理系统和农业机械的控制系统。这些系统能够管理现场的研究,获取土壤水分、张力、肥力、单位产量、叶面积指数、叶温、叶绿素含量、灌溉水质、本地微气候、虫草害分布情况和谷物产量等。其中的数据获取系统是无线传感器网络应用的重点,通过无线网络的方式进行传输,给现场田间管理工作者现场数据获取、农业机械的维护与使用带来便利。

2.精准灌溉

2001 年,西班牙研究人员研发了一种分布式远程控制自动灌溉系统。他们在试验示范过程中将 1500hm^2 的灌溉区分成总共拥有 1850 个灌溉喷头的 7 个子灌区,每个子灌区被一个控制器监测和控制,7 个控制器相互之间可以通信,并以 WLAN 方式接收中央控制器的信号。无线传感器网络的分层结构在这里得到体现,通过掌握每个灌区的需水需求进行精准定量灌溉,结果表明能够减少30% ~ 60% 的灌水量。美国 USDA 研究小组有类似研究。采用无线传感器网络控制节水灌溉技术,可实现因时、因地、因作物用水,使水的消耗量达到最低程度,并获得尽可能高的产量。

3.变量技术(变量施肥)

2003 年,美国开发出一种为作物自动施肥的装置。该装置包含 GPS 模块接口和实时无线传感器数据采集,并集成决策模块计算出最佳施肥处方,控制施肥工具的使用,各个模块之间的通信采用无线网络方式进行。无线传感器用于机械器具的状态监测与控制。采用该技术配合精准农业技术可因土、因作物、因时全面平衡施肥,不但提高了化肥资源利用率、降低生产成本、提高作物产量,还取得了明显的经济效益和环境效益。

4.农田信息采集

信息的实时采集、迅速传输与及时分析处理系统主要解决精准农业中"快"

而"精"的问题。精准农业的实现首先在于认识农田小区农作物生长环境和生长情况的差异,这必须依赖于各种先进的传感器,如土壤容量、土壤坚实度、土壤含水量、土壤 pH 值、土壤肥力(N、P、K 含量)、大气温度、大气湿度、风速、太阳辐射、作物生长情况和作物产量等各种类型传感器。随着现代科技的发展,各种非接触式快速测量的传感器和智能化传感器为精准农业提供了全新的技术支持。

荷兰的代大特科技大学研究的 Lofar Agro 项目(图 1-17),主要研究传感器网络在精准农业和微气候监测的应用。作为当前测控网络的补充形式,这是一种新型的传感器网络决策系统框架结构。他们研究的农田环境下的信号传输及传感器网络定位技术,可以获取微气候监测的第一手资料。

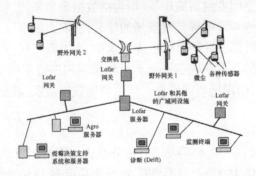

图 1-17 荷兰 Lofar Agro 精准农业的传感器网络框图

如果在精准农业中将传感器网络技术与地球观测及导航技术相结合,构成大地一体化的监测系统,融合遥感遥测及原位传感等各种信息获取手段,可有力地提升和改善精准农业领域的信息获取能力,为空间研究、精准灌溉、变量施肥提供丰富、全面、准确、可靠的信息。

1.4.5 水产与禽畜养殖

无线传感器网络技术已在禽畜、水产养殖中逐渐得到应用。除了 Smart Farm 项目,水产养殖也有典型的示范应用。2004 年,韩国提出建设无处不在的网络社会(e-Society)目标,即采用智能网络、最新计算机技术以及其他先进的基础设施武装起来的社会。比较有代表性的是韩国济州岛 u-Fishfarm 示范渔场。该示范渔场的建置经费完全由政府补助。目前,韩国济州岛政府投入约 2 亿韩元,该系统于 2006 年 12 月完成。渔场位于济州岛的西边,规模为年产量1100t,40%养殖鱼货主要外销日本。

u-Fishfarm 系统主要包括两个方面。

(1)渔场饲料管理。渔场由于现阶段拥有约 50 个鱼池,池子间的比目鱼年龄不一样,因此必须针对不同年龄的比目鱼给予特殊调配的饲料。过去调配饲料以及喂食饲料的方式皆由人工操作方式处理,但是由于每个池子的大小不同,加上池子众多不易管控,常有投错饲料的问题发生。为了降低人工操作疏失,在每个池子旁边装设有 RFID 的鱼池识别卷标,记录鱼种、池子编号等信息。饲料厂商通过该系统来供应饲料,当饲料进到渔场时,通过装有 RFID 标签的饲料箱篮装填,并且送进冷冻库冷藏。当喂养人员喂食时,从冷冻库中取出对应的饲料,投料时检查饲料箱篮和鱼池旁的 RFID 标签,确认无误之后才进行投料。

(2)渔场饲养环境监控。由于 50 个鱼池在管理上耗费较多人力,通过传感器可以协助监控影响比目鱼生长的关键环境参数,包括 CO_2 含量、温度、水位和日照等。该渔场与现代公司合作开发的鱼池环境监控系统,采用无线传感器以及 WiFi 组建无线感测网络,将传感器架设在鱼池内,利用无线传感器数据接收中继站将数据回传至后端管理系统。

渔场管理者通过管理系统掌控整个渔场的状况,不需要晚上实际到渔场观看状况。当出现渔场温度过低的问题,系统立即发出告警给渔场管理者。这不仅提升了养殖鱼的效率,还预防了鱼灾害的发生,避免因意外造成鱼的大量死亡,达到降低渔场灾害的损失。

在禽畜、水产养殖中采用传感器网络技术,集中体现在动物类型识别、健康监测和跟踪等方面,为农户生产过程提供数据,获取并监控饲喂环境、数量、图像、位置和健康等信息,将信息技术融合到生产中实现禽畜、水产养殖过程的科学管理,对提高养殖业的管理效率、减少病害和养殖环境污染具有重要意义。

1.4.6　其他应用

1.农业机械

虽然传感器网络技术中由于功耗的原因很少提及控制技术,但控制是基本功能之一。无线传感器网络可以方便地构建测控网络,这为农业机械引入该技术打下基础。

精准农业中农业机具的种类根据作业要求选择,再配套相应的监视控制器及卫星定位系统等装置。通常由操作者下达命令,接收位置信息,从 GIS 中执行电子地图提取决策信息。另外,也可从实时传感器直接接收信息,转变成控制信号。智能化的农业机械在接收信号后通过液动、气动或电动系统,实现对作物的变量投入或作业操作调整,也可以接受自执行设备来的反馈信息,对作物投入量或作业操作进行微调并存档备查。传感器网络在农业机械中的应用主要体现在机械管理、采摘、播种机械臂或机器人自动控制、过程控制等方面。

　　2.植物生理生态监测

　　在植物生理生态监测方面,国外研究较为深入。相关研究涉及空气温湿度、土壤温度、叶片温度、径流速率、茎粗微变化、果实生长等环境与植物的多个方面。

　　目前,国内在植物生理生态监测方面的研究大多只停留在应用现有产品进行科研阶段,对相关产品的开发较少,对监测原理的研究和改进也很少。有关作物生理生态传感器的产品在国内刚刚起步,主要集中在国家农业信息化工程技术研究中心开发的在线叶温传感器、植物茎秆生长传感器、植物微量生长传感器等多种专用传感器,在线的植物生理生态系统如图1-18所示。

　　目前,国外已形成的植物生理生态监测产品包括 PHYTALK、PE-100 等植物生理及环境监测系统,可根据栽培者或农艺专家的实际需求精确、方便地监测作物的生长状况和环境状况,如图1-19所示。除了常用的气象和土壤特性外,PHYTALK 系统还可以测量叶温、径流、茎秆直径变化及果实生长状况,并可以利用叶片温度、径流速率、茎秆微变化、茎秆与果实生长传感器等,连续监测并记录完整的植物光合与蒸腾速率。PHYTALK 植物生理生态监测方法综合了植物传感器技术、取样法则、测量方法、数据解释和特殊作物应用技术,包含了现代电子技术、数据捕获和通信系统、软件和互联网技术,是无线传感器网络技术的农业应用典范。

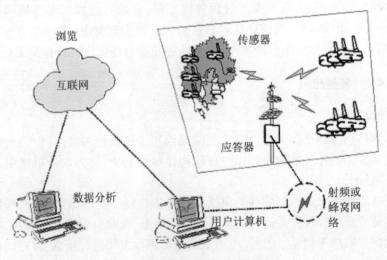

图1-18　在线的植物生理生态系统

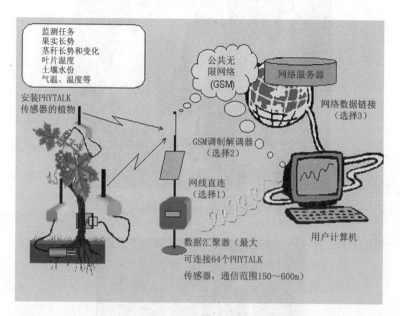

图 1-19　PHYTALK 植物生理生态监测系统

将无线传感器网络技术与植物生理生态传感器相结合,给这个领域带来彻底的变革,解决传统的现场测量与布线影响植物生长的问题,真正实现植物生理生态的信息无损、可靠、远程的自动获取。这可以方便地监测到植物生理紊乱的早期阶段,找到问题源头,确定导致作物产生问题的原因,在短期内揭露作物对任意环境变化所产生的生理响应。通过采用传感器网络技术,可以帮助栽培者调查为提高作物产量所做的尝试或消除有问题的种植因素,还能协助栽培者改变环境、灌溉或施肥方案,向栽培者展示诸如热时间(℃/天)、日全辐射、土壤水分蒸发蒸腾损失总量、叶表面持续湿润以及胁迫条件(干旱、热、冷、土壤水胁迫等)的持续时间及程度等作物常规的特性,真正做到根据作物需要进行管理。

3. 林业、草业及生态环境监测

林业、草业及生态环境监测领域是无线传感器网络应用的重点领域。图 1-20 所示为美国的红杉树研究项目中的监测网络节点,安装在树干上。图 1-21 所示为森林微气候监测的示例。相关研究比较多,这里不详细介绍。

图1-20　红杉树的监测网络节点

图1-21　森林微气候监测

4.无线机器视觉系统

　　提高农业生产效率和农业生产自动化程度,是农业现代化的根本需求,而任何一种农业生产自动化的实现都依赖于对作业对象的正确识别。机器视觉技术是实现动植物生长环境控制、种植、除草、剪枝、植保、施肥和耕作等多种农业生产自动化必不可少的内容。目前,农业生产自动化方面已经开始使用机器视觉技术,如获取作物生长状态信息、农业种质资源管理、植物病理研究、遗传细胞工程研究等。

　　在实际应用过程中,很多情况需要多点、分布式地采集视频信号,将无线传感器网络技术应用于视频采集的视频传感器网络,已经成为当前该领域的研究热点和难点。将数据量大、内容丰富的图像、视频等媒体引入到传感器网络为基础的监测活动中来,实现细粒度、精准信息的监测。Holman 等人率先提出利用视频传感器网络实现海岸环境监测,如图 1-22 所示,集成传感器网络技术的无线机器视觉系统在农业的作物无损检测、机器人采摘等系统中的应用将有广阔的前景。

图 1-22　码头海岸视频网络监测

从无线传感器网络技术的提出到今天的发展与应用,已经得到很多企业和科研机构的支持和认可。然而它的发展速度没有达到原先的期望,尤其在农业领域还有广阔的应用空间,很多应用只是停留在研究与示范阶段,真正做到卓有成效地推广应用还有很多具体技术问题需要攻克和解决。

参考文献

[1]中共中央关于积极发展现代农业扎实推进社会主义新农村建设的若干意见
　　-农民读本(2007 年中央一号文件)[M].北京:中国人口出版社,2007.

[2]汪懋华.汪懋华文集.北京:中国农业大学出版社,2012.

[3]孙忠富,曹洪太,李洪亮,等.基于 GPRS 和 WEB 的温室环境信息采集系统
　　的实现[J].农业工程学报,2006,22(6):131-134.

[4]张潜,工立人.蓝牙技术在温室数据采集系统中的应用[J],农机化研究,
　　2004,3(2):190-193.

[5]于海斌.无线传感器网络与工业无线测控系统.无线工厂应用高峰论
　　坛,2007.

[6]孙忠富,曹洪太,杜克明,等.温室环境无线远程监控系统的优化解决方案
　　[J].沈阳农业大学学报,2006,37(3):270-273.

[7]吴金洪,丁飞,邓志辉.基于 CC2420 的温室无线数据采集系统的设计与实
　　现[J].仪表技术与传感器,2006,(12):42-43,51.

[8]张西良,丁飞,张世庆,等.温室环境无线数据采集系统的研究[J],中国农

村水利水电，2007，（2）：8-10，13.

[9]乔晓军，张馨，王成. 无线传感器网络在农业中的应用[J].农业工程学报，2005，增刊：232-234.

[10]罗惠谦.张馨，乔晓军，等. 农用无线传感器网络硬件平台的研究与开发[J]. 微计算机应用，2006，27（5）：534-537.

第 2 章 基于粒子群优化聚类的温室 WSN 节能方法

2.1 引 言

温室无线传感器网络的主要任务是环境数据收集。不同于传统的计算机网络，温室无线传感器网络通常在温室区域较密集地部署传感器节点，以应对环境和其他原因造成的节点失效以及传感数据精度偏差的问题，这就使得网络中存在大量的冗余数据。同时，温室传感器节点通常携带能量有限的电池，并由于部署环境复杂，能源补给不现实，使得能量成为传感器网络中最为宝贵的资源。而且，由于硬件技术的局限，温室传感器节点只有有限的通信带宽、计算能力和存储资源。这些资源约束特点，使得如何高效使用有限能量来最大化网络生命周期，实现温室无线传感器网络中有效的数据压缩成为研究人员面临的一个重要问题。

无线传感器网络中的数据收集与基于传统计算机网络中的客户端/服务器模型（client/server model, C/S 模型）相近似。传感器节点主要负责对监测区域的信息采集，兼具对感知信息的初步信息处理任务，以及数据转发的中继路由任务。传感器节点部署在监测区域内，利用各类传感器采集、感知监测对象和监测区域的关键信息与状态，并通过无线链路与汇聚节点连接，将感知信息发送至汇聚节点。汇聚节点相较于传感器节点功能更复杂、计算能力更强，主要负责传感器节点感知数据的汇聚，无线传感器网络的网络组织和网络管理等工作，根据需求还可以执行无线传感器网络的网关功能，将用户感兴趣的数据信息通过 GSM、GPRS、3G 等异构网络方式转发。温室无线传感器网络的一般数据收集结构如图 2-1 所示。

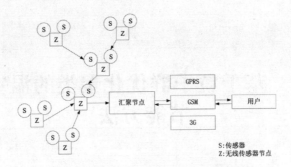

图 2-1　温室无线传感器网络的数据收集结构

其中，由于汇聚节点具有较强的数据处理能力，不像普通的传感器节点，只可以进行简单的数据采集，因此可以通过汇聚节点在无线传感器网络内对原始传感数据进行处理，再将处理结果无线传送到用户端，以节省数据传输耗能以及节点的存储容量等有限的网络资源，提高数据收集的效率。

根据不同应用的数据收集模式，温室无线传感器网络可以分成两类。持续传输：传感器节点连续周期性地将数据逐跳转发到汇聚节点。事件触发传输：只有当感兴趣的事件发生了传感器节点才生成报告传给汇聚节点。本章以节能为目标，围绕无线传感器网络持续周期性传输时的数据压缩问题展开研究。

2.2　相　关　工　作

目前，温室建筑面积逐步增加，使用者对获取温室环境信息的全面性需求不断提升，这些都使温室无线传感器网络规模与密度越来越大。温室内传感器节点感知的数据在长时间内保持相对稳定，且不同区域的感知数据存在一定的相似性（未必与空间分布有关），高相似度数据的传输会浪费有限的通信带宽，降低信息收集效率，增加节点耗能。研究指出对一般的无线传感器网络来说，传感器节点的大部分能量消耗在无线通信模块。数据通信的耗能远高于数据计算的耗能，传送 1 位数据的耗能是执行 1 次加法运算的 480 倍，数据传输消耗了总能量的 70%。如何有效地进行数据压缩，消除数据时空冗余，减少网络内通信的数据量，延长网络最大生命周期已经成为无线传感器网络的一个研究热点和难点。

Chris Olston 等提出连续问询自适应滤波算法，即在每个传感器节点处增加一个滤波器，该滤波器可以伴随数据采集周期，动态调整其带通上下限，同时汇聚节点处相应地设有精度管理器及界限缓冲器，前者负责调整滤波器带通宽度，从而达到控制系统精度的目的，后者通过接收滤波器传输的更新数据流及经精度管理器调整过的滤波器更新带通宽度，为监控中心提供各传感器节点的实时数据所在狭小区间，该算法通过传输监测数据所在的区间来代表区间内一系列监测值，一定程度上达到消除时间序列冗余的目的，但其代价是每个节点增加了节点成本，同时也增加了节点能耗，由于系统采集数据的精度是由滤波器的带通所取的上下限决定的，如何选取带通界限决定了该算法的压缩比及压缩精度。

　　王雷春等提出基于一元线性回归模型的空时数据压缩算法，该算法将传感器节点采样时间序列看作一个以采样时间 t 为自变量、以时间点采样数据 d 为因变量的函数，利用一元线性回归模型方法对该时间序列进行拟合。如果下一时间点的采样数据 d_{n+1} 与拟合回归线 $n+1$ 时刻的拟合值 d'_{n+1} 之间的差值小于给定极限值 ε，则将采样数据 d_{n+1} 加入时间序列，否则舍去；通过判断单个节点在某一时刻的采样值 d_i 和不同节点在同一时刻采样数据平均值之间的偏差是否大于给定阈值，消除数据的空间噪音，最终返回值为拟合回归线的起始和终止时间点及相应的回归系数。该算法能有效消除单个传感器节点数据的时间冗余和节点间数据的空间冗余，但传感器节点和汇聚节点均参与数据压缩处理中，需要耗费较大的能量。

　　周四望等提出基于环模型的分布式时-空小波数据压缩算法，该算法首先将传感器网络分为多个簇，每个簇利用虚拟网格划分为若干个小区域，每个小区域含有多个节点，每个区域取一个节点组成一个闭合的环，而一个时刻每个小区域内仅有一个节点处于环上，其余节点处于休眠状态，当环上节点能量不足或失效，在同一小区域内唤醒一个剩余节点替换失效节点，不必重新建立环，算法将环上数据抽象为一个矩阵，矩阵列向量为单个节点多个采集周期采集的数据，行向量为整个环在同一时刻采集的数据，先在各个节点内进行矩阵列向量的小波变换，以消除环上数据的时间冗余，然后在环上对矩阵的行向量进行小波行变换，以消除环上数据的空间冗余，选取矩阵的低频部分，通过迭代上述行、列向量的小波变换，可以依次实现多级小波变换，最后将高频系数与经过处理的低频系数传至簇头，再由簇头传至汇聚节点，汇聚节点根据小波系数恢复原始数据。该算法能够有效地去除传感数据中存在的时间和空间相关性，降低网络能耗和延时，但该算法在浮点形式的原始数据基础上，进行小波运算，导致运算复杂，在很大程度上限制了其实际应用。

　　杨军等提出基于分簇的无线传感器网络数据汇聚传输协议，该算法假设 N 个无线传感器节点随机、均匀地分布在一个 $L \times L$ 的二维方形区域 A 内，汇聚节

点位于区域 A 之外。整个网络按轮运行，每轮中分为簇头节点的选取、数据聚合和数据传输 3 个阶段。在簇头选取阶段，利用应用期望的无缝覆盖率与所需要簇头数的数学关系限制节点竞选簇头的初始概率，以此获得期望的簇头数，并联合节点的剩余能量和最小度来选取簇头；在数据聚合阶段，簇头广播消息，接收所有加入该簇的成员节点，然后对簇内数据进行聚合；在数据传送阶段，利用数据的相关性，簇头在满足传送精度的要求下，采用自回归（AR）模型预测传送机制进行数据传送。但预测模型参数的确定依赖大量的历史数据，同时该算法所采用的预测传送机制本质上是以降低数据准确性为代价来提高数据压缩性能。

协作传输可以实现无线传感器网络的低能耗需求，但大多数研究只考虑了多中继单跳的方案，导致传输距离较长时，节能效果并不明显。针对这一问题，沈琴研究了中继链路数及跳数对无线传感器网络能耗性能的影响。通过推导多中继多跳传输方案目标模型的中断概率，得到源节点所需最小发射功率。进而以能耗最小化为准则，计算出最优中继链路数，达到最小化每比特能量消耗的目的。

上述研究对无线传感器网络数据压缩问题的探索起到了一定的推动作用，但大多数数据压缩算法比较复杂，且假定的网络环境比较苛刻，不适于在温室无线传感器网络中实际应用。充分考虑温室无线传感器网络中节点数据的相似特性，以及对数据压缩算法的简单、易实现要求，本章提出一种温室无线传感器网络设计方案，系统通过分析传感器节点感知数据的相似性，进而将这些传感器节点数据分类管理划分成各个数据相同区，每个数据相同区只允许一个传感器节点传输数据，其余传感器节点暂时休眠，以达到减小信息冗余度、降低功耗、延长网络最大生命周期的目的。

2.3　预　备　知　识

2.3.1　K-means 聚类算法

K-means 聚类算法是硬聚类算法，是典型的基于原型的目标函数聚类分析算法，将点到原型（簇中心）的某种距离和作为优化的目标函数，采用函数求极值的方法得到迭代运算的调整规则。K-means 聚类算法以欧氏距离作为相异性测度，它是求对应某一初始簇中心向量 $M = \{m_1, m_2, \cdots, m_k\}$ 最优分类，使得聚类准则函数 E 值最小。其中

$$E = \sum_{i=1}^{k} \sum_{x_i \in C_j} \| x_i - c_i \|^2,$$

式中，C_j 为划分的类簇；x_i 为簇 C_j 中的数据点；c_i 为簇 C_j 的均值；k 为簇的类别数。

算法针对将含有 n 个数据点的集合 $X = \{x_1, x_2, \cdots, x_n\}$ 划分为 k 个类簇 C_j 的问题，$j = 1, 2, \cdots, k$，首先随机选取 k 个数据点作为 k 个类簇的初始簇中心，然后计算各个数据点到各簇中心的距离，把数据点归到离它最近的簇中心所在的类；对分配完的每一个类簇计算新的簇中心，然后继续进行数据分配过程；迭代多次后，如果相邻两次的簇中心没有任何变化，说明数据对象调整结束，聚类准则函数 E 已经收敛。本算法的一个特点是在每次迭代中都要考察每个数据点的分类是否正确，若不正确，就要调整。在全部数据调整完后，再修改簇中心，进入下一次迭代。如果在一次迭代算法中，所有的数据点被正确分类，则不会有调整，簇中心也不会有任何变化，这标志着聚类准则函数 E 已经收敛，至此算法结束。该算法的时间复杂度上界为 $O(n \times k \times t)$，其中 t 是迭代次数。

K-means 聚类算法的算法流程：

输入：集合 $X = \{x_1, x_2, \cdots, x_n\}$，聚类数目 k

输出：k 个类簇 C_j，$j = 1, 2, \cdots, k$

Step1：随机指定 k 个簇中心 $\{m_1, m_2, \cdots, m_k\}$。

Step2：对于每一个数据点 x_i，找到离它最近的簇中心，并将其分配到该类。

Step3：重新计算各簇中心 $m_i = \dfrac{1}{N_i} \sum_{j=1}^{N_i} x_{ij}, i = 1, 2, \cdots, k$。

Step4：计算聚类准则函数 $E = \sum_{i=1}^{k} \sum_{x_i \in C_j} \| x_i - m_i \|^2$。

Step5：如果 E 值收敛，则返回 $\{m_1, m_2, \cdots, m_k\}$，算法终止；否则转至 Step2。

2.3.2　粒子群优化算法

粒子群优化算法是一种基于种群的进化计算技术。种群中每个成员叫作粒子，代表着一个潜在的可行解，而食物的位置则被认为是全局最优解。群体在 D 维解空间上搜寻全局最优解，并且每个粒子都有一个适应函数值和速度来调整它自身的飞行方向以保证向食物的位置飞行，在飞行过程中，群体中所有的粒子都具有记忆的能力，能对自身位置和自身经历过的最佳位置进行调整[51-54]。为了实现接近食物位

置这个目的，每个粒子通过不断地向自身经历过的最佳位置(p_{best})和种群中最好的粒子位置(g_{best})学习，最终接近食物的位置。

在连续空间坐标系中，粒子群算法的数学描述如下：设微粒群体规模为 N，其中每个微粒在 D 维空间中的坐标位置向量表示为 $\vec{x_i} = (x_{i1}, x_{i2}, \cdots, x_{id}, \cdots, x_{iD})$，速度向量表示为 $\vec{v_i} = (v_{i1}, v_{i2}, \cdots, v_{id}, \cdots, v_{iD})$，微粒个体最优位置（即该微粒最优历史位置）表示为 $\vec{p_i} = (p_{i1}, p_{i2}, \cdots, p_{id}, \cdots, p_{iD})$，群体最优位置（即该微粒群中任意个体经历过的最优位置）表示为 $\vec{p_g} = (p_{g1}, p_{g2}, \cdots, p_{gd}, \cdots, p_{gD})$。不失一般性，以最小化问题为例，设 $f(x)$ 为最小化的目标函数，则个体最优位置的迭代公式为

$$p_{id}(t+1) = \begin{cases} x_{id}(t+1), f(x_{id}(t+1)) < f(p_{id}(t)) \\ p_{id}(t), f(x_{id}(t+1)) \geqslant f(p_{id}(t)) \end{cases} \tag{2-1}$$

群体最优位置为个体最优位置中最好的位置。速度和位置迭代公式为

$$v_{id}(t+1) = \omega v_{id}(t) + c_1 rand_1(p_{id}(t) - x_{id}(t)) + c_2 rand_2(p_{gd}(t) - x_{id}(t)) \tag{2-2}$$

$$x_{id}(t+1) = x_{id}(t) + v_{id}(t+1) \tag{2-3}$$

上两式中，w 为惯性权重；c_1、c_2 为加速系数；$rand_1 \sim U(0,1)$、$rand_2 \sim U(0,1)$ 为两个相互独立的随机函数。从粒子的速度和位置迭代公式可以看出，加速系数 c_1 和 c_2 分别表示粒子飞向个体最好位置和群体最好位置方向的步长，通常在[0，2]之间取值。为防止粒子在进化过程中飞离搜索空间，一般将其速度 v_i 限定在某个范围之内。

基本粒子群优化算法的算法流程：

Step1：设定群体规模，分别在[$-x_{max}, x_{max}$]和[$-v_{max}, v_{max}$]随机产生服从均匀分布的粒子位置和速度。

Step2：计算每个粒子的适应度函数值。

Step3：将每个粒子的适应度函数值与其个体最优历史位置对应的适应度函数值进行比较，若较好，则将其作为个体最优历史位置。

Step4：将每个粒子的适应度函数值与种群中运行最优的粒子对应的适应度函数值进行比较，若较好，则将其作为群体最优位置。

Step5：按照公式更新粒子的速度和位置。

Step6：循环回到步骤 Step2，直到终止条件满足，停止条件通常是足够好的适应度函数值或预设的迭代次数。

2.4　基于粒子群优化聚类的温室 WSN 节能方法

2.4.1　模型建立

1.网络模型

温室无线传感器网络中大量传感器节点通过无线通信网络与汇聚节点进行信息交换。系统运行时，传感器节点获取各类温室环境数据，并由无线链路发送至汇聚节点；汇聚节点对各传感器节点进行协调、优化、管理。为了问题研究的一般性，将温室传感器网络模型化。n 个传感器节点以栅格方式均匀分布在一个 $M×N$ 的长方形二维区域 A 内，栅格边长为 a，传感器节点位于栅格中心，汇聚节点位于区域中心 $(M/2, N/2)$，左上角顶点 (x, y) 作为区域坐标系的原点，网络模型如图 2-2 所示。

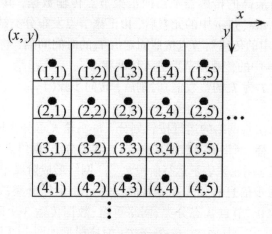

图 2-2　网络模型

该网络模型具有如下性质：

(1)网络是连通的静态网络，传感器节点部署后不再移动。

(2)传感器节点的感知区域是以该传感器节点所在位置为中心、a 为边长的正方形栅格。

(3)所有传感器节点都有能力与汇聚节点直接通信，且区域内所有传感器节点能量不受限。

（4）所有传感器节点的配置相同，"激活"和"休眠"状态的轮转由汇聚节点控制。

（5）传感器节点的标识由其所处的行号 H_i、列号 L_i 构成的二元组表示。

2. 传输模型

Q 是所有传感器节点的集合，按传感器节点状态分类，集合 Q 包含子集 $Active$（激活）和 $Sleep$（休眠），$Active = \{s_i \mid s_i$ 为激活节点，且 $i \leq n\}$，$Sleep = \{s_j \mid s_j$ 为休眠节点，且 $j \leq n\}$，$Active \cup Sleep = Q$。汇聚节点和各传感器节点的通信过程如下：

（1）在网络部署初始时刻，汇聚节点向整个网络广播同步信息和控制指令，集合 Q 中的传感器节点向汇聚节点传送各自信息（包括传感器节点标识和感知值），各传感器节点的感知值是按时间顺序采样的、间隔相同的一系列数据的集合，记为 $S_{T_s}^I = (d_1, d_2, \cdots, d_n)$，$S_{T_s}^I$ 为标识为 I、间隔时间为 T_s 的节点传感信息，$i \times T_s$ 时的时间序列值为 d_i，n 为时间序列中数据的个数。

（2）汇聚节点对集合 Q 中各传感器节点传送的数据进行压缩算法处理，将数据相同或相近的传感器节点划分到相同的区域中，每个数据相同区只允许聚类有效性指标值最高的传感器节点向汇聚节点传输数据，其余传感器节点休眠。确定集合 $Active$、$Sleep$ 中的元素后，由汇聚节点发布分类结果，网络进行重组。集合 $Active$ 中的传感器节点按照固定值 T_s 的时间间隔，将数据传送至汇聚节点，集合 $Sleep$ 中的传感器节点进入休眠状态。

（3）经过 T（T 为 T_s 的整数倍）时刻后，转向步骤（1）。

3. 时序模型

数据压缩算法将网络的运行按轮划分，每一轮又可分为网络形成、同步信息和控制指令广播、网络分类数据采样、节点状态分类、网络重组、数据传输 6 个阶段。分配如下：用轮来表示运行阶段 T_{round}，网络形成阶段用 T_{ini} 表示，汇聚节点向网内广播同步信息和控制指令用 T_{order} 表示，采样分类数据用 T_{gather} 表示，（$T_{gather} \bmod T_S$）= 0，节点状态分类、网络重组、数据传输 3 个阶段分别表示为：T_{choose}、$T_{recluster}$、$T_{transport}$，其中 $T_{transport}$ 等于 T。时序模型如图 2-3 所示。

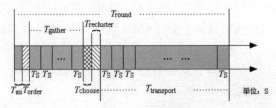

图 2-3　时序模型

T_{round}—每轮运行时间；T_{ini}—网络形成时间；T_{order}—广播同步信息和
控制指令时间；T_{gather}—采样分类数据时间；T_{choose}—节点状态分类时间；
$T_{recluster}$—网络重组时间；$T_{transport}$—数据传输时间；T_S—节点采样间隔时间

2.4.2　系统设计与实现

为验证数据压缩算法的有效性，依据温室无线传感器网络模型，开发算法验证系统的软硬件，并进行集成测试，使系统运行稳定、综合性能指标达到要求。

传感器节点的处理器与无线通信模块采用符合 Zigbee 标准的 2.4GHz 系统芯片（system on chip，SoC）CC2430，CC2430 采用 0.18μm CMOS 工艺生产，能够满足以 Zigbee 为基础的 2.4GHz ISM 波段的低成本、低功耗应用要求，特别适合那些要求电池寿命非常长的应用。CC2430 芯片包括一个高性能的 2.4 GHz DSSS 射频收发器（灵敏度达 -91dBm、最大传送速率为 250kb/s）以及增强型 8051 单片机，集成了 4 个振荡器用于系统时钟和定时操作，同时还结合了 8KB 的静态 RAM 和最大 128KB 的 FLASH 存储器。为了更好地处理网络和应用操作的带宽，CC2430 还集成了 IEEE 802.15.4 PHY 层和 MAC 层协议。

传感器选用单总线数字温度传感器 DS18B20，它具有结构简单、体积小、功耗低、无须外接元件和用户可自行设定预警上下限温度等特点。DS18B20 是单总线（1-Wire BUS）数字温度传感器，可以提高系统的抗干扰性，适合于恶劣环境的现场温度测量。DS18B20 测量范围为 -55~125℃，在 -10~85℃ 范围内，精度为 ±0.5℃，可编程设定 9~12 位的分辨率，默认值为 12 位，转换 12 位温度信号所需最大时间为 750ms。DS18B20 的输出与 CC2430 端口直连。

传感器节点实际工作中的电流消耗为：处理器与无线通信模块 27mA、电源调理模块 10mA、传感器工作电流 1.5mA。因此，系统工作电压 3.3V 时，单个传感器节点能耗约为 127mW。节点休眠时只有处理器与电源管理模块中的部分电路供电，总功耗小于 3.5mW，系统唤醒采用 RTC 定时中断方式。

传感器节点时序模型如图 2-4 所示，Listen、Work 分别代表侦听和响应时间段。当传感器节点侦听到同步帧 SYNC（包含同步信息、目的地址等）和传输请求帧 Request 后，传感器节点向汇聚节点发送 RTS 请求信号，收到反馈的接收就绪信号 CTS 后，传感器节点在 DATA 周期发起数据传输，完成后得到汇聚节点的应答信号 RACK。

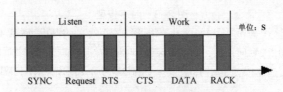

图 2-4　传感器节点时序模型

Listen—侦听时间；Work—响应时间；

SYNC—同步帧时间；Request—传输请求帧时间；

RTS—请求信号时间；CTS—接收就绪信号时间；

DATA—数据传输时间；RACK—应答信号时间。

汇聚节点的设计与传感器节点相比，汇聚节点要对各传感器节点进行管理和运行数据压缩程序，因此，汇聚节点应具有较强的数据处理能力和运行速度。由于 CC2430 内嵌的 8051 控制器不能满足要求，选用片上资源丰富的 ARM9 芯片 LPC3250 作为汇聚节点微处理器，它采用 ARM926EJ-S CPU 内核、硬件矢量浮点协处理器，可以处理浮点型的小数，最高可工作在 266MHz 的 CPU 频率下。LPC3250 具有 1 个 NAND Flash 接口、7 个 UART、2 个 I^2C 接口、2 个 SPI/SSP 端口、4 个带有捕获输入和比较输出的通用定时器，使得外围电路简单，适用于要求高性能和低功耗结合的嵌入式应用中。系统中汇聚节点主要完成指令发送、数据接收、压缩处理、信息存储以及显示等工作，采用 CC2430 作为网络协调器与各传感器节点的通信，LPC3250 直接操作 CC2430 的串行数据线和控制线。

节点状态的转换受汇聚节点控制，状态转换过程如图 2-5 所示。为防止节点数据发送碰撞，节点链路层采用 CSMA/CA 协议。此外，为保证分类采样数据的完整接收，在汇聚节点中加入计数器，对获得的各节点数据帧个数进行计数，当某一节点的计数值达到设定值时，向该节点发送确认信号 ACK，未收到确认信号 ACK 的节点继续采样，直至收到为止。当所有节点都收到确认信号 ACK，汇聚节点进行数据压缩算法处理，并广播分类结果。

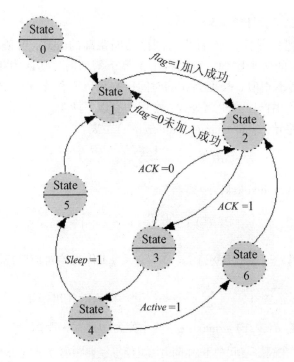

图 2-5　状态转换过程

State0—节点上电；State1—加入网络；State2—接收同步信息与分类
采样指令；State3—完成采样与发送；State4—压缩算法分类；State5—休
眠；State6—数据传输；flag—节点加入网络标志位；Sleep—加入休眠集合
标志位；Active—加入激活集合标志位；ACK—确认信号

节点时钟同步是保证数据压缩算法实现的重要前提，系统应用汇聚节点充
当时间基准点，发送包含当前时钟读数的同步信息，各节点每接收到一次该同
步信息后，估算自身时延，校正一次时钟值。由于传感器节点的计时器不可避
免地存在计时差异，为保证及时激活，每个节点设为提前 2s 唤醒。

2.4.3　数据压缩算法设计

1.数据相似度

温室内环境在一定时间内保持相对稳定，且不同区域中感知数据有较大相
似性的特点，为数据压缩提供了前提条件。如何有效量化各传感器节点时间序
列之间的相似性，是实现数据压缩的关键。时间序列的相似性要同时考虑时间
序列中各元素值和序关系信息，从直观上讲，只有两条时间序列中各对应位置
序中的元素值都相似，才认为两条序列相似。传统的相似性度量方法主要包括

距离度量和相似系数计算两种。

（1）距离度量。给定一个计算时间序列间距离的公式，并确定一个距离阈值，对任意给定的两个序列，当距离小于等于阈值时，则认为相应两者相似，否则，认为两者不相似。长度为 n 的时间序列可以看作是 n 维空间上的点，因此空间距离函数用作序列距离公式，常用的有以下两类。

平均性状差异（mean character difference）距离：

$$d(X,Y) = \frac{1}{n} \sum_{i=1}^{n} |x_i - y_i| \tag{2-4}$$

闵可夫斯基（minkowski）距离：

$$d(X,Y) = \left[\sum_{i=1}^{n} |x_i - y_i|^r \right]^{\frac{1}{r}} \tag{2-5}$$

特别的，当 $r=1$ 时，$d(X,Y) = \sum_{i=1}^{n} |x_i - y_i|$ 称为绝对值距离；

当 $r=2$ 时，$d(X,Y) = \left[\sum_{i=1}^{n} |x_i - y_i|^2 \right]^{\frac{1}{2}}$ 称为欧几里德距离；

当 $r \to \infty$ 时，$d(X,Y) = \max_{1 \leq i \leq n} |x_i - y_i|$ 称为切比雪夫距离。

分析表明，在高维空间中常用的欧几里德等经典距离度量方法不能很好地反映数据间的相对距离，即与任一对象之间的最近和最远距离的相对差异随着维度的增长将趋近于0。因此，在基于欧几里德等经典距离度量方法基础上所作的改进高维数据相似性度量方法，也避免不了高维空间中"维度灾难"所带来的问题。

（2）相似系数计算。计算个体间的相似程度，与距离度量相反，相似性度量的值越小，说明个体间相似性越小，差异越大。常用的相似系数计算方法包括 Cosine 度量（cosine similarity）、Pearson 相关系数（pearson correlation coefficient）以及 Jaccard 系数（jaccard coefficient）等。

Cosine 度量利用向量空间中两个向量夹角的余弦值作为衡量两个个体间差异的大小。相比距离度量，余弦相似度更加注重两个向量在方向上的差异，而非距离或长度上。计算公式为

$$\cos\theta = \frac{\vec{x} \cdot \vec{y}}{\| x \| \cdot \| y \|} \tag{2-6}$$

Pearson 相关系数即相关分析中的相关系数 r，$\cos\theta$ $\cos\theta$ 为分别对 X 和 Y 基于自身总体标准化后计算空间向量的余弦夹角。计算公式为

$$r(X,Y) = \frac{n\sum\limits_{i=1}^{n} xy - \sum\limits_{i=1}^{n} x \sum\limits_{i=1}^{n} y}{\sqrt{n\sum\limits_{i=1}^{n} x^2 - \left(\sum\limits_{i=1}^{n} x\right)^2} \cdot \sqrt{n\sum\limits_{i=1}^{n} y^2 - \left(\sum\limits_{i=1}^{n} y\right)^2}} \tag{2-7}$$

Jaccard 系数主要用于计算符号度量或布尔值度量的个体间的相似度，因为个体的特征属性都是由符号度量或者布尔值标识，因此无法衡量差异具体值的大小，只能获得"是否相同"这个结果，所以 Jaccard 系数只关心个体间共同具有的特征是否一致这个问题。如果比较 X 与 Y 的 Jaccard 相似系数，只需比较 x_n 和 y_n 中相同的个数。计算公式为

$$Jaccard(X,Y) = \frac{X \cap Y}{X \cup Y} \tag{2-8}$$

式中，Cosine 度量主要是从方向上区分差异，而对绝对的数值不敏感。Pearson 相关系数由于其计算的复杂度，增加了数据相似性度量的时间复杂度，影响了度量的效率，导致其实际应用性不强。Jaccard 系数是度量两个二元变量集合的重叠程度，因此在使用 Jaccard 系数进行相似性度量时，需要将区间标度型、分类、序数、比例标度变量等转化为二元变量，在转化过程中必然丢失大量有用的信息。Jaccard 系数只能较好地反映数据在属性上的相似程度，而不能反映其在空间距离上的相似程度。

针对上述问题，国内许多学者尝试对数据对象间的相似性度量进行研究。文献[9]提出了一种基于模糊最近邻的高维聚类算法，其算法思想在于度量各数据间最近邻数据对象中的交叉情况，交叉程度越大，数据间的相似度也越大。但该算法中数据对象相似性度量公式略显单薄，并不能完全反映数据间的相似程度。文献[10]提出一种基于相似性二次度量的高维聚类算法。该算法首先由属性分布相似度和空间距离计算数据对象间实距离矩阵，得到各对象的最近邻表，根据该表内元素的交叉情况计算出数据间的相似矩阵。但是，该算法中所涉及的相似性度量公式繁复，导致在计算过程中的时间复杂度较高，实用性不强。

文献[11]中所设计的高维数据相似性度量函数 $Hsim$，能较好地克服 L_p 等传统的距离函数在高维空间中的不适用性，并将二值型和数值型数据距离的计算整合到一个统一的框架。具体设计如下：

$$Hsim(X,Y) = \frac{\sum\limits_{i=1}^{d} \dfrac{1}{1 + |x_i - y_i|}}{d} \tag{2-9}$$

式中，d 为两个数据对象 X 和 Y 中不全为空的维数。

$Hsim$ 函数值范围为 $[0, 1]$。当 $Hsim(X, Y) = 0$ 时，表示在各维上 X 和 Y 之间的差都趋于无穷大，即 X 和 Y 的相似性最小；当 $Hsim(X, Y) = 1$ 时，表示各维上 X 和 Y 都相等，X 和 Y 在 d 维空间中相互重合，即 X 和 Y 的相似性最大。$Hsim$ 函数在描述高位数据相似度上具有很多优点，但对数值较大的维相似性度量较差。例如有两个数据对象 $(2, 10, 20)$ 和 $(5, 13, 23)$，按照 $Hsim$ 函数定义计算，这两个数据对象在各维的相似度都为 0.25，但两个对象中各维实际的数据相似度排列应为：第三维>第二维>第一维。为此，本算法采用在 $Hsim$ 函数的基础上改进的 $Gsim$ 函数反映数据对象之间的相似性程度[58]。数据相似度函数 $Gsim(X, Y)$ 表达式为

$$Gsim(X, Y) = \frac{\sum_{i=1}^{n} \left(1 - \frac{|x_i - y_i|}{|x_i - y_i| + m_i} \right)}{n} \qquad (2\text{-}10)$$

式中，$X = (x_1, \cdots, x_n)$，$y = (y_1, \cdots, y_n)$ 是 n 维空间的 2 个向量，m_i 表示第 i 维上 X 和 Y 平均值的绝对值，$Gsim(X, Y) \in [0, 1]$。

对于前面同样的数据对象 $(2, 10, 20)$ 和 $(5, 13, 23)$，利用 $Gsim$ 函数定义计算，这两个数据对象在第一维的相似度为 0.54，第二维的相似度为 0.79，第三维的相似度为 0.88。由此可见，m_i 的引入是相似性度量不仅仅依赖于数据对象 X 和 Y 差，还与各维的数据大小有关，这一改变使 $Gsim$ 函数能够有效区别不同数量级的数据，非常适合用于温室无线传感器网络中各传感器节点感知数据的数据相似性度量。

传感器节点数据相似度计算的伪代码见表 2-1。

表 2-1　节点数据相似度计算的伪代码

程序输入：$p \times q$ 个 n 维时间序列 $S_{Ts}^I = (d_1, d_2, \cdots, d_n)$，$p$ 为栅格的行数，q 为栅格的列数，I 为节点的二元组标识码
程序输出：数组 $C[p \times q]$
程序步骤：
(1) For $(i = 1, i < p, i++)$
(2) For $(j = 1, j < q, j++)$
(3) { For $(m = 1, m < p, m++)$
(4) For $(k = 1, k < q, k++)$
(5) $C[t] = Gsim((i, j), (m, k))$ //$t = 1, 2, \cdots, p \times q$, // $t = (H_i - 1) \times q + L_i$
(6) $t++$} // t 为节点编号

通过函数 $Gsim(X, Y)$ 对各节点数据间相似度的计算得到一个 $pq \times pq$ 维的相似度矩阵，该矩阵为对称矩阵，对应于数组 C。

$$\begin{pmatrix} C[1] \\ C[2] \\ \vdots \\ C[pq] \end{pmatrix} = \begin{bmatrix} S_{11} & S_{12} & \cdots & S_{1pq} \\ S_{21} & S_{22} & \cdots & S_{2pq} \\ \vdots & \vdots & \vdots & \vdots \\ S_{pq1} & S_{pq2} & \cdots & S_{pqpq} \end{bmatrix} \tag{2-11}$$

2.节点聚类

数组 C 反映出各传感器节点时间序列在 n 维空间的重合程度，如果时间序列对象 S_{Ts}^i 和 S_{Ts}^j 具有较高的相似度，则其在数组 C 中对应的值较大，反之较小。通过对整个网络内相似数据的聚类来减少数据的传输，可以有效地实现数据压缩。本章提出将粒子群优化 K-均值聚类算法用于传感器节点聚类研究，该聚类方法结合粒子群优化算法，应用线性递减惯性权重策略，增强粒子群的全局搜索能力，减小随机初始聚类的影响，可有效提高分类稳定性和准确率[59]。

粒子群算法采用实数编码，一个编码对应于一个可行解。在本章的粒子群优化 K-均值聚类算法中，采用的是基于聚类中心的一种编码方式，假设有 K 个类簇，则每个粒子的位置是由 K 个类簇的类中心组成，粒子除了位置之外，还有速度和适应度值。设相似度样本向量的维数为 D，则粒子的位置为 $K \times D$ 维向量，粒子的速度也是 $K \times D$ 维向量，另外每个粒子还具有一个适应度，这样粒子采用如下的编码结构：

$$z_1^1 z_1^2 \cdots z_1^D \cdots z_K^1 z_K^2 \cdots z_K^D v_1^1 v_1^2 \cdots v_1^D \cdots v_k^1 v_k^2 \cdots v_k^D f_i(x) \tag{2-12}$$

当聚类中心确定时，聚类的划分由最近邻法则决定，即若

$$\| x_i - z_j \| = \min \| x_i - z_k \| \tag{2-13}$$

其中，$k = 1, 2, \cdots, K$，则该粒子属于第 j 个类簇。

基于粒子群优化 K-均值聚类算法的算法流程：

Step1：初始化粒子群，给出聚类数 K、粒子群规模 R 和最大迭代次数 M 等参数。

Step2：对每一个粒子，将样本随机指派为某一类簇作为初始的聚类划分，然后计算各类簇的聚类中心作为粒子的位置编码，计算每个粒子的适应度值，设置粒子的初始速度为零。根据初始粒子群得到粒子个体最优位置 P_{id} 和全局最优位置 P_{gd}。

Step3：根据式（2-12）和式（2-13）分别调整粒子的速度和位置，对每个粒子，根据初始粒子聚类中心编码，按照最近邻法则确定样本的聚类划分。

Step4：对每个粒子，按照对应的聚类划分，计算新的聚类中心，更新粒子

的适应度值。

Step5：对每个粒子，比较它的适应度值和它经历过的最好位置 P_{id} 的适应度值，如果更好，更新 P_{id}；对每个粒子，比较它的适应度值和群体所经历过的最好位置 P_{gd} 的适应度值，如果更好，更新 P_{gd}。

Step6：如果达到结束条件（足够好的位置或最大迭代次数）则结束，否则转至 Step3。

其中，适应度函数定义为所有样本到相应聚类中心的欧式距离之和，适应度值越小越好。粒子群优化算法在产生新的种群时具有较强的随机性，能够克服 K-均值聚类易陷入局部极小值的缺点，而且在粒子群算法寻优的整个过程中，所有解的信息为共享信息，每个粒子本身也在进行自学习，这就使得每一代的寻优过程中，种群中所有的粒子都在同时进行自学习和向其他粒子学习，所以算法收敛较快，而且随着迭代次数的增加，收敛也逐渐平稳，很少出现波动现象。

可以看出，确定聚类数 K 是算法实现的前提，在算法应用中，首先定义一个搜索范围 $[K_{min}, K_{max}]$，取 $K_{min} = 2$，$K_{max} = int(\sqrt{n})$，然后利用聚类算法输出一系列不同聚类数目的聚类结果，最后对聚类结果进行有效性分析确定最佳聚类数 K_{best} [60]。聚类有效性是指评价聚类结果的质量并确定最适合特定数据集的划分，通常采用聚类有效性指标来评价聚类算法产生的哪个聚类结果是最优的，并将最优的聚类结果所对应的聚类数目作为最佳聚类数。目前常用的聚类有效性指标函数包括 Calinski-Harabasz 指标、Davies-Bouldin 指标、In-Group Proportion 指标和 Silhouette 指标等。

Calinski-Harabasz(CH) 指标是基于全部样本的类内离差矩阵和类间离差矩阵的测度，其最大值对应的类数作为最佳聚类数。设 k 表示聚类数，n 表示样本数，$trB(k)$ 与 $trW(k)$ 分别表示类间离差矩阵的迹和类内离差矩阵的迹。CH 指标定义为

$$CH(k) = \frac{trB(k)/(k-1)}{trW(k)/(n-k)} \qquad (2-14)$$

Davies-Bouldin(DB) 指标是基于样本的类内散度与各聚类中心间距的测度，进行类数估计时其最小值对应的类数作为最优的聚类个数。设 k 表示聚类数，DW_i 表示聚类 C_i 的所有样本到其聚类中心的平均距离，DC_{ij} 表示聚类 C_i 和聚类 C_j 中心之间的距离。DB 指标定义为

$$DB(k) = \frac{1}{k} \sum_{i=1}^{k} \max_{j=1 \sim k, j \neq i} \left(\frac{DW_i + DW_j}{DC_{ij}} \right) \qquad (2-15)$$

In-Group Proportion(IGP) 指标用来衡量在某一类中距离每个样本最近的样

本是否在同一类中。所有聚类的平均 IGP 指标越大表示聚类的质量越好，其最大值对应的类数为最佳聚类数。设 j^N 表示距离样本 j 最近的样本，$Class(j)$ 表示样本 j 的类标，#表示满足条件的个数。对于类标为 u 的聚类，IGP 指标定义为

$$IGP(u) = \frac{\#\{j \mid Class(j) = Class(j^N) = u\}}{\#\{j \mid Class(j) = u\}} \tag{2-16}$$

Silhouette 指标反映了聚类结构的类内紧密性和类间分离性。设 $a(i)$ 为样本 i 与同类其他样本之间的平均距离，$b(i)$ 为样本 i 与不同类的类内各样本之间的平均距离，Silhouette 定义指标为

$$s(i) = \frac{\min[b(i)] - a(i)}{\max[a(i), \min(b(i))]} \tag{2-17}$$

$s(i)$ 的取值在 $[-1, 1]$ 范围内变动，$s(i)$ 值越大，说明样本 i 的分类越合理。所有样本的平均 Silhouette 指标值越大表示聚类质量越好，其最大值对应的类数为最佳聚类数。

可以看出，与 Calinski - Harabasz 指标、Davies - Bouldin 指标、In - Group Proportion 指标相比，Silhouette 指标具有简单易用的特点，既可用于估计最优的聚类数目，也可应用于评价聚类质量，并对比较明显的聚类结构具有良好的评价能力。因此，这里应用 Silhouette 指标作为粒子群优化 K-均值聚类算法有效性的评价准则。分析聚类结果，确定最佳聚类数的伪代码见表 2-2。

表 2-2　确定最佳聚类数的伪代码

算法输入：包含 pq 个元素的数组 C
算法输出：最佳分类数 K_{best}、平均 Silhouette 指标值、聚类结果
算法步骤：
（1）选择聚类数搜索范围 $[K_{min}, K_{max}]$，取 $K_{min} = 2$，$K_{max} = int(\sqrt{n})$
（2）For $K = K_{min}$ *to* K_{max}
（3）调用粒子群优化 K-均值聚类算法对数组 C 进行处理，分别计算不同聚类数目 K 下各数据对象的 Silhouette 指标值
（4）记录平均 Silhouette 指标值达到最大所对应的 K 值
（5）End 输出结果

3.节点选择

通过传感器节点聚类，集合 Q 中的传感器节点按照数据相似性关系被划分

到 K_{best} 个不同的数据相同区，传感器节点选择按照分类合理性原则，取每个数据相同区内所有传感器节点中 Silhouette 指标值最大的节点移入集合 *Active*，其余节点归入集合 *Sleep*，再由汇聚节点发布分类结果。

2.5　试验与分析

在试验基地连栋温室内对系统进行了试验。在温室中选定试验区域大小为 60m×60m，栅格形式放置 16 个传感器节点(按 4×4 部署，传感器节点编号与网络模型中的标识方法相同)，栅格边长为 15m，左上角顶点坐标设为(0，0)，区域中心布置了一个内嵌网络协调器的汇聚节点。所有传感器节点通过挂钩置于离地 1.5m 高度处，采用电池供电，标称电压为 3.6V，容量 2100mAh，整个网络能耗约为 2032mW。汇聚节点采用 AC 220V/DC 12V 开关电源供电。试验中，传感器节点工作参数为：间隔时间 T_S = 30s，时间序列数据的个数 n = 10，数据传输时间 T = 20min，数据包长度为 11 字节，包括节点标识码(2bytes)、温度值(5bytes)、节点剩余能量(4bytes)。节点聚类算法的参数为：粒子群规模 R = 50，加速常数 c_1 = 1.4962，c_2 = 1.4962，惯性权重最大值 w_{max} = 0.9，最小值 w_{min} = 0.4，迭代次数 M = 200。系统从 7：50am 开始工作到 12：40pm，系统共运行 10 轮，平均耗时 29min，在汇聚节点控制下，整个系统协同工作，运行状况良好，数据传输阶段丢包率最大值为 0.15，导出汇聚节点的存储信息(包括每轮分类采样数据、节点数据相似度、节点聚类结果、Silhouette 指标值以及传输阶段数据等)。利用导出信息，计算各传感器节点相邻轮之间分类数据相似度，结果见表 2-3。

表 2-3　各传感器节点相邻轮之间分类数据相似度

标识	1	2	3	4	5	6	7	8	9
(1，1)	0.9756	0.9609	0.9577	0.9556	0.9612	0.9695	0.9713	0.9860	0.9742
(1，2)	0.9718	0.9781	0.9791	0.9747	0.9573	0.9734	0.9538	0.9836	0.9995
(1，3)	0.9742	0.9710	0.9574	0.9685	0.9753	0.9837	0.9830	0.9867	0.9835
(1，4)	0.9205	0.9486	0.9623	0.9741	0.9934	0.9996	0.9864	0.9903	0.9925
(2，1)	0.9748	0.9635	0.9542	0.9506	0.9624	0.9724	0.9803	0.9820	0.9797
(2，2)	0.9902	0.9712	0.9619	0.9597	0.9701	0.9744	0.9807	0.9906	0.9877
(2，3)	0.9425	0.9473	0.9718	0.9735	0.9796	0.9858	0.9852	0.9936	0.9882

标识	1	2	3	4	5	6	7	8	9
(2, 4)	0.9068	0.9463	0.9570	0.9781	0.9895	0.9992	0.9944	0.9936	0.9992
(3, 1)	0.9414	0.9542	0.9576	0.9575	0.9693	0.9668	0.9703	0.9878	0.9792
(3, 2)	0.9326	0.9385	0.9413	0.9550	0.9639	0.9663	0.9793	0.9984	0.9918
(3, 3)	0.9418	0.9467	0.9440	0.9578	0.9646	0.9682	0.9815	0.9947	0.9879
(3, 4)	0.9417	0.9545	0.9577	0.9622	0.9690	0.9730	0.9763	0.9949	0.9992
(4, 1)	0.9322	0.9396	0.9569	0.9491	0.9628	0.9689	0.9753	0.9946	0.9866
(4, 2)	0.9179	0.9297	0.9397	0.9539	0.9585	0.9684	0.9834	0.9962	0.9996
(4, 3)	0.9267	0.9297	0.9431	0.9518	0.9669	0.9657	0.9852	0.9977	0.9955
(4, 4)	0.9067	0.9321	0.9498	0.9711	0.9800	0.9882	0.9927	0.9950	0.9946

统计表 2-3 中各传感器节点相邻轮之间分类数据相似度，结果见表 2-4。分析可知，试验所选定的数据传输时间合理，各节点相邻轮之间数据相似度保持较高的水平（均值≥0.9608），未出现显著差异（标准偏差≤0.0298），该结果表明，在该时间段内利用数据相同区中的一个传感器节点代表其余传感器节点进行数据传输具有可行性。

表 2-4　各传感器节点相邻轮之间分类数据相似度统计结果

标识	均值	最大值	最小值	标准偏差
(1, 1)	0.9680	0.9860	0.9556	0.0094
(1, 2)	0.9746	0.9995	0.9538	0.0128
(1, 3)	0.9759	0.9867	0.9574	0.0089
(1, 4)	0.9742	0.9996	0.9205	0.0246
(2, 1)	0.9689	0.9820	0.9506	0.0110
(2, 2)	0.9763	0.9906	0.9597	0.0110
(2, 3)	0.9742	0.9936	0.9425	0.0170
(2, 4)	0.9738	0.9992	0.9068	0.0296
(3, 1)	0.9649	0.9878	0.9414	0.0131
(3, 2)	0.9630	0.9984	0.9326	0.0222
(3, 3)	0.9652	0.9947	0.9418	0.0184

标识	均值	最大值	最小值	标准偏差
(3, 4)	0.9698	0.9992	0.9417	0.0176
(4, 1)	0.9629	0.9946	0.9322	0.0196
(4, 2)	0.9608	0.9996	0.9179	0.0271
(4, 3)	0.9625	0.9977	0.9267	0.0252
(4, 4)	0.9678	0.9950	0.9067	0.0298

本章设计的数据压缩算法按轮运行，下面以第 1 轮为例说明其工作过程。第 1 轮各传感器节点分类采样的数据见表 2-5。

表 2-5　第 1 轮各传感器分类采样数据

标识	1	2	3	4	5	6	7	8	9	10
(1, 1)	16.18	16.19	16.21	16.20	16.23	16.23	16.24	16.28	16.29	16.31
(1, 2)	16.29	16.29	16.32	16.34	16.36	16.34	16.36	16.37	16.38	16.40
(1, 3)	16.39	16.36	16.38	16.36	16.37	16.38	16.39	16.42	16.43	16.44
(1, 4)	18.29	18.34	18.40	18.45	18.55	18.65	18.68	18.69	18.77	18.81
(2, 1)	16.42	16.44	16.46	16.47	16.48	16.48	16.52	16.52	16.51	16.53
(2, 2)	18.10	18.10	18.11	18.11	18.12	18.13	18.13	18.12	18.15	18.13
(2, 3)	18.76	18.85	19.09	19.14	19.19	19.23	19.28	19.33	19.37	19.38
(2, 4)	19.47	19.50	19.55	19.57	19.63	19.71	19.74	19.76	19.78	19.85
(3, 1)	16.81	16.85	16.87	16.89	16.93	16.99	17.00	17.05	17.07	17.11
(3, 2)	17.99	18.03	18.03	18.07	18.09	18.12	18.15	18.19	18.24	18.26
(3, 3)	18.02	18.03	18.06	18.16	18.17	18.32	18.38	18.49	18.57	18.59
(3, 4)	19.26	19.29	19.30	19.34	19.37	19.40	19.44	19.49	19.49	19.54
(4, 1)	17.23	17.27	17.30	17.34	17.38	17.40	17.42	17.49	17.51	17.64
(4, 2)	18.15	18.20	18.30	18.36	18.39	18.44	18.51	18.77	19.10	19.09
(4, 3)	18.46	18.52	18.56	18.59	18.62	18.66	18.74	18.85	18.89	18.93
(4, 4)	19.46	19.49	19.56	19.66	19.69	19.75	19.79	19.82	19.88	19.96

首先对各传感器节点的分类采样数据进行相似度计算，通过函数 $Gsim$

(X, Y)得到一个 16×16 维对称的相似度矩阵 C，矩阵 C 的下矩阵如图 2-6 所示；然后利用粒子群优化 K-均值聚类算法对其进行分析处理，得到聚类数分别为 2、3、4 时的聚类结果与 Silhouette 指标值，见表 2-6。由表 2-6 计算可得，当聚类数分别为 2、3、4 时，所对应的平均 Silhouette 指标值相应为 0.8297、0.7734、0.8555，应用聚类有效性指标分析，确定最佳分类数 K_{best} 为 4，最后依据分类合理性原则判断，选择传感器节点 $(1, 2)$、$(2, 4)$、$(3, 3)$、$(4, 1)$ 移入集合 *Active*，其余传感器节点归入集合 *Sleep*，最后由汇聚节点发布分类结果。

$$C_{Y} = \begin{bmatrix} 1.0000 \\ 0.9934 & 1.0000 \\ 0.9905 & 0.9971 & 1.0000 \\ 0.8821 & 0.8873 & 0.8896 & 1.0000 \\ 0.9851 & 0.9917 & 0.9945 & 0.8940 & 1.0000 \\ 0.9012 & 0.9066 & 0.9090 & 0.9765 & 0.9136 & 1.0000 \\ 0.8582 & 0.8631 & 0.8653 & 0.9692 & 0.8694 & 0.9472 & 1.0000 \\ 0.8400 & 0.8447 & 0.8467 & 0.9459 & 0.8507 & 0.9248 & 0.9752 & 1.0000 \\ 0.9584 & 0.9646 & 0.9673 & 0.9171 & 0.9725 & 0.9378 & 0.8912 & 0.8715 & 1.0000 \\ 0.9013 & 0.9068 & 0.9091 & 0.9763 & 0.9137 & 0.9964 & 0.9470 & 0.9247 & 0.9380 & 1.0000 \\ 0.8943 & 0.8996 & 0.9020 & 0.9848 & 0.9065 & 0.9893 & 0.9550 & 0.9323 & 0.9303 & 0.9913 & 1.0000 \\ 0.8495 & 0.8543 & 0.8564 & 0.9581 & 0.8605 & 0.9365 & 0.9882 & 0.9867 & 0.8818 & 0.9363 & 0.9442 & 1.0000 \\ 0.9354 & 0.9413 & 0.9438 & 0.9392 & 0.9488 & 0.9609 & 0.9120 & 0.8914 & 0.9750 & 0.9611 & 0.9530 & 0.9022 & 1.0000 \\ 0.8836 & 0.8889 & 0.8912 & 0.9910 & 0.8956 & 0.9785 & 0.9676 & 0.9444 & 0.9188 & 0.9782 & 0.9866 & 0.9566 & 0.9409 & 1.0000 \\ 0.8772 & 0.8823 & 0.8846 & 0.9936 & 0.8889 & 0.9704 & 0.9753 & 0.9516 & 0.9118 & 0.9702 & 0.9786 & 0.9640 & 0.9336 & 0.9880 & 1.0000 \\ 0.8382 & 0.8429 & 0.8449 & 0.9436 & 0.8489 & 0.9227 & 0.9728 & 0.9973 & 0.8696 & 0.9225 & 0.9301 & 0.9842 & 0.8894 & 0.9421 & 0.9494 & 1.0000 \end{bmatrix}$$

图 2-6　相似度矩阵 C 的下矩阵

表 2-6　不同聚类数时的聚类结果与 Silhouette 指标值

标识	2		3		4	
	Silhouette 指标值	类别	Silhouette 指标值	类别	Silhouette 指标值	类别
$(1, 1)$	0.9133	0	0.9552	0	0.9620	0
$(1, 2)$	0.9249	0	0.9655	0	0.9837	0
$(1, 3)$	0.9289	0	0.9679	0	0.9815	0
$(1, 4)$	0.8850	1	0.6132	1	0.8694	1
$(2, 1)$	0.9348	0	0.9690	0	0.9476	0
$(2, 2)$	0.7192	1	0.8437	1	0.8733	1
$(2, 3)$	0.8993	1	0.7823	2	0.6951	2
$(2, 4)$	0.8225	1	0.9377	2	0.9260	2
$(3, 1)$	0.8609	0	0.7656	0	0.4156	3

续表

标识	2		3		4	
	Silhouette 指标值	类别	Silhouette 指标值	类别	Silhouette 指标值	类别
(3, 2)	0.7168	1	0.8437	1	0.8712	1
(3, 3)	0.8036	1	0.8257	1	0.9369	1
(3, 4)	0.8692	1	0.9391	2	0.9227	2
(4, 1)	0.4030	0	−0.0059	1	0.7569	3
(4, 2)	0.8789	1	0.6611	1	0.8938	1
(4, 3)	0.9020	1	0.3825	1	0.7371	1
(4, 4)	0.8130	1	0.9278	2	0.9150	2

计算各传感器节点在 10 轮试验中归入集合 Sleep 的次数，结果如图 2-7 所示。可以看出，传感器节点归入集合 Sleep 的总次数较多达到 131 次，其中节点 (3, 4) 次数最少为 5 次，节点 (2, 3)、(3, 2) 最多为 10 次，表明该数据压缩算法可有效减少每轮中工作传感器节点数量，减少节点能耗。

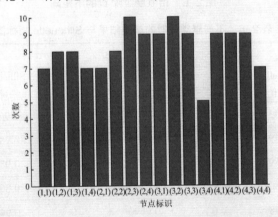

图 2-7　各传感器节点作为集合 *Sleep* 中元素的次数

数据压缩算法对传感器节点的分类管理，以适应温室无线传感器网络中传感器节点信息统一收集、续航能力有限等特点。基于上述分析，构造数据压缩性能指数用于评价算法效果（DCAPI，data compression algorithm performance index）。

$$DCAPI = N_{\text{Active}} / N_{\text{Q}} \tag{2-18}$$

式中，N_{Active}、N_{Q} 分别为集合 $Active$ 与集合 Q 的传感器节点数量。

利用该模型，评价试验中算法的性能（$N_{\text{Q}} = 16$），表 2-7 为评价结果与每轮网络能耗。可以看出，试验中 $DCAPI$ 的均值为 0.1814，其等于 0.125、0.188、0.250 的比例分别为 0.4、0.3、0.3；平均 Silhouette 指标值保持较高的水平，均值为 0.8059；各轮网络功耗最大值为 550mW，最小值为 303mW，与不采用该算法、全部传感器节点一直处于激活状态时能耗 2032mW 相比降低功耗 72.93% 以上。结果表明，该算法具有优良的压缩效果，聚类效果良好，能够降低数据相似引起的节点冗余，有效减少网络能耗。

表 2-7　每轮压缩算法性能与能耗

轮号	N_{Active}	平均 Silhouette 指标值	$DCAPI$	能耗/mW	轮号	N_{Active}	平均 Silhouette 指标值	$DCAPI$	能耗/mW
1	4	0.8555	0.250	550	6	2	0.7802	0.125	303
2	4	0.8601	0.250	550	7	3	0.7541	0.188	426.5
3	4	0.8652	0.250	550	8	2	0.7837	0.125	303
4	2	0.8134	0.125	303	9	3	0.7706	0.188	426.5
5	2	0.8194	0.125	303	10	3	0.7569	0.188	426.5

2.6　本章小结

温室无线传感器网络中，不同区域传感器节点间高相似度数据的传输会浪费通信带宽和增加能量消耗，因此研究相应的传感器节点数据压缩方法对减少数据冗余和提高节点续航能力具有重要意义。本章针对温室无线传感器网络中节点感知数据的特点，同时考虑节点续航能力有限的因素，提出一种温室无线传感器网络方案，系统按轮运行，每轮中利用粒子群优化 K-均值聚类算法将节点按监测数据相似性划分到相同的区域，每个数据相同区只允许聚类有效性指标值最高的节点向汇聚节点传输数据，其余节点暂时休眠。试验结果表明，16 个节点在 10 轮试验中归入休眠集合的总次数达到 131 次，$DCAPI$ 平均值为 0.1814，每轮降低能耗 72.93% 以上，节点聚类效果良好，平均 Silhouette 指标值的均值达 0.8059，该系统能够极大地减少每轮中的工作节点，压缩发送的数据量，降低能耗，具有很好的适应性和可实现性。

参考文献

[1] Chris Olston, Jing Jiang, Jennifer Widom. Adaptive filters for continuous queries over distributed data streams. Proceedings of the 2003 ACM SIGMOD international conference on Management of data, New York, NY, USA, 563 -574.

[2] 王雷春，马传香. 传感器网络中一种基于一元线性回归模型的空时数据压缩算法[J]. 电子与信息学报，2010，32(3)：755-758.

[3] 周四望，林亚平，张建明，等. 传感器网络中基于环模型的小波数据压缩算法[J]. 软件学报，2007，18(3)：669-680.

[4] 杨军，张德运，张云翼，等. 基于分簇的无线传感器网络数据汇聚传送协议[J]. 软件学报，2010，21(5)：1127-1137.

[5] 郭秉义. 绿色通信网络的节能方法研究[D]. 广州：华南理工大学，2014.

[6] 钟辉. 无线传感器网络节能方法及关键技术研究[D]. 长春：吉林大学，2011.

[7] 沈琴. 基于协作 MIMO 的无线传感器网络节能方法研究[D]. 镇江：江苏科技大学，2017.

[8] 喻鹏. 无线通信网的节能管理机制[D]. 北京：北京邮电大学，2013.

[9] 刘纪平，汪宏斌，汪诚波，等. 基于模糊最近邻的高维数据聚类算法[J]. 小型微型计算机系统，2005，26(2)：261-263.

[10] 郏宣耀. 基于相似性二次度量的高维数据聚类算法[J]. 计算机应用，2005，25(B12)：176-177.

[11] 杨风召，朱扬勇. 一种有效的量化交易数据相似性搜索方法[J]. 计算机研究与发展，2004，41(2)：361-368.

[12] 金微，陈慧萍. 基于分层聚类的 k-means 算法[J]. 河海大学常州分校学报，2007，3(21)：7-10.

[13] 杨圣云，袁德辉，赖国明. 一种新的聚类初始化方法[J]. 计算机应用与软件，2007，8(24)：51-52.

[14] 毛韶阳，林肯立. 优化 k-means 初始聚类中心研究[J]. 计算机工程与应用，2007，43(22)：179-181.

[15] Zeng J C. Guaranteed global convergence Particle swam optimization[J]. Computer Research and Development, 2004, 41(7): 1333-1338.

第3章 融合粗糙集和证据理论的温室 WSN 环境控制决策

3.1 引言

温室生产就是综合运用各种先进设施和技术，人为创造各种作物生长发育的最佳环境条件，并通过科学的经营管理，最大限度地提高土地产出率、资源利用率、劳动生产率和产品商品率，获得最佳经济效益和社会效益的一种完全别于传统农业的生产模式。现代化温室生产的主要特征是依靠工厂化生产的温室设施，采用连续生产方式和管理方式，高效、均衡地为不同的作物生长、繁育提供良好的生态环境。

温室设施主要包括温室结构和温室环境控制设施两个方面，而温室环境控制设施是现代化温室的必备功能。温室环境控制的对象种类繁多，且不同种类、不同生长阶段的作物生长需求差异明显，温室环境控制设施必须具有先进的控制手段和全面的感知信息，才能使执行机构合理动作，提供作物生长所需的最佳环境。典型的温室环境控制设施结构如图 3-1 所示。

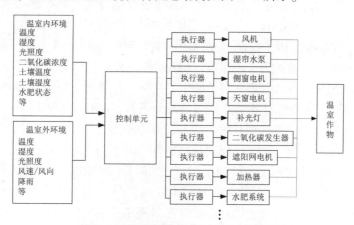

图 3-1　典型的温室环境控制设施结构

现有的温室环境控制设施，通信方式主要采用串行总线和现场总线等有线通信技术，虽然具有设备互操作性好、抗干扰能力强等优点，但是由于温室长期处在高温、高湿、较高酸碱性等环境中，导致通信电缆极易老化，从而降低系统的使用寿命和控制可靠性。信息感知大多使用传统的传感器技术，采用有线工作方式，在实际应用时，由于需要密布传感器节点，才能实现对监测区域的有效覆盖，这将导致在温室内部线缆纵横交错，系统安装及维护成本急剧增加。

无线传感器网络由规模化部署的传感器节点组成，通过无线通信方式形成的一个多跳自组织的网络系统，用于协作地感知、采集和处理网络覆盖区域内感知对象的信息。虽然网络中往往包括执行器，但是人们通常用"无线传感器网络"这个术语而不是"无线传感器和执行器网络"。同样地，本章所指的无线传感器网络也包含了无线传感器节点和无线执行器控制节点。在温室领域中无线传感器具有得天独厚的优势：一方面，与传统的有线温室环境控制设施相比，无线传感器网络具有精度高、灵活性强、可靠性好等优点，可以有效解决温室环境信息的采集、自组多跳的无线发送、执行机构控制等问题；另一方面，低功耗、微型化、高度集成、低价格的传感器节点，可以密集部署在温室内部，实时监测作物的各种生长环境因素，包括温度、湿度、光照度、二氧化碳浓度、土壤温度、土壤湿度、土壤电导率以及土壤养分等。应用无线传感器网络构建温室环境控制设施，具有部署方便、成本低廉等优势，能够实现环境信息的采集与传输，执行机构的协同控制，有助于及时调整控制策略，保证作物生长处于最佳状态。

温室环境控制技术是通过温室内外环境、作物和环境控制设施之间相互作用与内在关系的定量描述，对温室环境系统进行综合调节和控制的手段，在温室生产技术中具有核心作用。温室环境控制技术按目标对象的数量可分为两种：单因子控制和多因子控制。单因子控制是对温室环境因子进行单独控制，不考虑其他因子对被控因子的影响。但是，影响作物生长的众多环境因子之间相互制约和配合，当其中某一因子发生变化时，其他因子也会相应地改变，因此，这种控制方法在保证作物获得最佳环境条件方面有很大的局限性。多因子控制是将各种作物在不同生长阶段需要的环境条件要求输入控制系统，当其中某些因子发生改变时，控制系统综合调整各个因子的变化，保证各种作物在不同生长阶段所需适宜环境条件的控制方式，但是由于温室环境系统的复杂性，实现多因子综合、协调控制并不容易。本章以多输入、多输出、强耦合的温室环境系统为分析对象，围绕温室无线传感器网络中多因子环境控制问题展开研究。

3.2　相关工作

温室环境控制是对温室环境因子进行综合调节和控制的技术，它为作物的生长、繁育提供适宜的环境，从而达到增加作物产量、改善品质、调节生产周期、提高经济效益的目的。随着设施园艺技术的发展，温室面积的持续扩大，用户对温室环境进行有效控制的要求越来越迫切。同时，国内外研究人员不断将工业控制中成功应用的理论成果应用于温室环境控制，期望解决温室环境最优控制问题。但是温室环境是一个复杂的多变量非线性时滞系统，且具有交连和时延等现象，其控制环境远比一般工业现场复杂。目前，温室环境控制仍是温室生产技术中研究的难点与热点问题。

任雪玲等提出温室环境控制中时延问题的新型控制算法，该算法将温室对象简化为一个一阶大惯性加大时延的环节，所设计的混合型预测模糊 PID 控制器将预测控制、模糊控制和传统 PID 控制等三种方法有机地结合。该控制方法中，预测控制用于预测最优输出量，而混合型模糊 PID 控制器则作为系统的控制器。仿真实验表明，该算法能够提前预测温室环境的时滞，通过叠加模糊控制与 PI 控制器的输出控制量，获得理想的温室系统输出，但由于其所采用的模型在很大程度上进行了简化和近似，以及系统的复杂性和广泛存在的不确定性等因素影响了其在实际中的运行效果。

葛建坤等提出基于自适应神经模糊控制系统的温室环境控制方法，该方法首先根据能量平衡原理构建了温室温度的数学模型，然后采用自适应神经模糊控制系统选择与输入输出数据对相匹配的隶属度函数。最后利用温室仿真模型对所设计的双输入单输出的二维模糊控制器进行验证。该方法既降低了人为控制误差，也减小了这些变量与室外干扰项之间的交互影响，保证了闭环的稳定性，体现了神经模糊控制在处理多输入系统中的优越性及可靠性，但由于其控制器通常采用固定值调节方式，往往造成温室系统的生产能耗增大，或系统调节动作频繁，系统易出现振荡。

伍德林等提出基于经济最优目标的温室环境控制方法，该方法将温室作物整个生长季节分为营养生长阶段和生殖生长阶段。在营养生长阶段，以温度优先为控制策略，实现温室内作物栽培的环境参数控制要求。在作物生殖生长阶段，以温室产出与投入比最大为温室环境控制目标进行决策。从决策实例来看，采用经济最优目标的策略来进行温室环境调控，给出最佳的温室环境调控方案，既能保证作物适宜的生长环境条件要求，又能保证温室经营者的利润，但由于温室环境的复杂性，实际系统中模型参数难以准确辨识，而近似的模型不可避免地会引起控制决策的偏差。

孙力帆等提出了在无线传感器网络下的智能温室环境控制系统中，农作物的生长根据温室环境控制系统的实际需求建立基于 Dempster-Shafer（D-S）证据理论的决策框架，并提出了一种数据预处理和决策融合方法。首先，使用箱线图检测量测数据中的异常值;然后，利用加权平均距离聚类处理更新后的数据;最后，根据所提出的基于加权相似度的基本概率分配方法结合 D-S 证据理论进行融合。实验结果表明，基于加权相似度的基本概率分配方法比现有方法降低了 1~2 个数量级，不仅可以提高温室环境参数融合精度，加快收敛速度，同时还能有效地降低决策风险。

王纪章等为实现在定期上市目标下的温室栽培的生产规划，以作物积温模型为依据，利用历史气象数据和市场价格信息，建立基于积温模型的温室黄瓜栽培生产规划决策模型。基于 WEB 开发了温室作物栽培生产规划决策系统软件，系统能实现在定植时间确定条件下预计上市期及逐日环境优化决策、在作物计划定植日期和上市期条件下的逐日环境优化决策、温室运行过程中的逐日环境优化决策。决策结果表明：系统能根据用户所提出的决策目标和温室运行状况，实现温室栽培生产的规划决策。

上述研究对温室环境控制问题的探索起到了积极的促进作用，但由于存在着整体优化、学习能力有限或鲁棒性不佳等问题，使其并不适于在实际中应用。专家系统是根据一个或多个专家提供的领域知识进行推理，模拟专家的决策过程来解决某些复杂问题。利用专家系统的推理能力解决温室环境控制中不确定性、非结构性问题，指导系统进行决策具有良好的前景。然而，农业专家对温室环境的决策判断过程往往具有模糊性，给出专家知识时，一般是尽可能地利用较多的指标进行判断，导致需处理的信息量增加。事实上，只有一些关键指标对决策比较敏感，能够提供互补信息，提高决策准确性，而冗余的指标则对决策不敏感，或与其他指标相关联，无利用价值。此外，由于数据的不确定，即使获得了精简的指标体系，也会带来决策时的不确定性。这些情况导致难以建立准确的模型模拟专家的推理过程。针对上述问题，本章提出一种融合粗糙集和证据理论的温室无线传感器网络环境控制决策方法。首先应用无线传感器网络构建温室环境控制设施，负责环境信息的采集与执行机构的控制;然后利用粗糙集理论的属性约简方法，在保持专家知识识别能力不变的情况下，约简判断的指标;最后选取证据理论组合所有约简集中的指标，利用组合后的结果，采用最大基本可信度分配函数法对温室环境状态进行判断，判断相应的控制类别。

3.3　预备知识

3.3.1　粗糙集基本理论

20 世纪 70 年代初，波兰学者 Z.Pawlak 领导的波兰科学院和华沙大学的研究小组，开始对信息系统逻辑特性进行长期基础性研究。他们针对从实验中得到的以数据形式表述的不精确（imprecise）、不相容（inconsistent）和不完备（incomplete）问题，进行分类分析。这项研究是粗糙集理论（rough sets theory）产生的基础。粗糙集理论诞生的标志是 1982 年 Z.Pawlak 发表的经典论文 Rough Sets。粗糙集是一种处理不确定性和不精确性问题的数学工具，它对于人工智能和认知科学非常重要，且为机器学习、数据挖掘、知识获取、决策分析和支持系统、模式识别、专家系统、粒度计算、近似推理、控制科学等领域的信息处理提供了一种有效的理论框架。粗糙集理论的主要思想是利用已知的知识库，将不精确或不确定的知识用已知的知识库中的知识来近似刻画，该理论与其他处理不确定和不精确问题理论的最显著区别在于它直接从给定问题的描述集合出发，通过不可分辨关系和不可分辨类确定问题的近似域，从而找出该问题中的内在规律，所以对问题的不确定性描述或处理可以说是比较客观的。

1. 知识的含义与粗糙集

知识是智能决策中一个非常重要的概念，所有的决策都依赖于知识，知识在不同的范畴中有不同的含义。在粗糙集理论中，知识被看作是关于论域的划分，是一种对对象进行分类的能力，因而提出知识具有颗粒性，知识的不精确性是由组成论域知识的颗粒而产生。

定义 3.1　设 U 是我们感兴趣的对象组成的非空有限集合，称为一个论域。论域 U 的任何一个子集 $X \subseteq U$，称为论域 U 的一个概念或范畴。论域 U 中任何概念簇（子集簇）称为关于 U 的抽象知识，简称知识。一个概念簇 F 定义为

$$F = \{X_1, X_2, \cdots, X_n\}, \ X_i \subseteq U, \ X_i \neq \varnothing, \ X_i \cap X_j = \varnothing,$$

$$i \neq j, \ i, \ j = 1, 2, \cdots, n, \ 且 \ \bigcup_{i=1}^{n} X_i = U$$

(3-1)

定义 3.2　设 S 是 U 上的一个簇等价关系，$U/S = \{X_1, X_2, \cdots, X_n\}$ 表示 S 产生的分类，称为关于 U 的一个知识。$[x]_S = \{y \in U | xSy\}$ 表示关系 S 下包含元素 x 的等价类。(U, S) 称为一个知识库或近似空间。

定义 3.3　给定一个论域 U 和 U 的一簇等价关系 S，若 $P \subseteq S$，且 $P \neq \varnothing$，则 $\cap P(P$ 中所有等价关系的交集）称为 P 上的不可分辨关系，记为 $IND(P)$。

定义 3.4　给定知识库 $K = (U, S)$，其中 U 为论域，S 表示论域 U 上的等价关系簇，则 $\forall X \subseteq U$ 和论域 U 上的一个等价关系 $R \in IND(K)$，定义子集 X（概念）关于知识 R 的下近似和上近似分别为

$$\underline{R}(X) = \{x \mid (\forall x \in U) \wedge ([x]_R \subseteq X)\} \tag{3-2}$$

$$\overline{R}(X) = \{x \mid (\forall x \in U) \wedge ([x]_R \cap X \neq \varnothing)\} \tag{3-3}$$

集合 $bn_R(X) = \overline{R}(X) - \underline{R}(X)$ 称为 X 的 R 边界域；$pos_R(X) = \underline{R}(X)$ 称为 X 的 R 正域；$neg_R(X) = U - \overline{R}(X)$ 称为 X 的 R 负域。

下近似 $\underline{R}(X)$ 或正域 $pos_R(X)$ 表示根据知识 R 判定肯定属于 X 的论域 U 中元素组成的集合；上近似 $\overline{R}(X)$ 表示根据知识 R 判定肯定属于或可能属于 X 的论域 U 中元素组成的集合；边界域 $bn_R(X)$ 表示根据知识 R 既不能判定肯定属于 X 又不能判定肯定不属于 X 的论域 U 中元素组成的集合；负域 $neg_{R(X)}$ 表示根据知识 R 判定肯定不属于 X 的论域 U 中元素组成的集合。

定义 3.5　给定论域 U 和其上的一个等价关系 R，$\forall X \subseteq U$，当 $\underline{R}(X) = \overline{R}(X)$ 时，则称 X 是关于论域 U 的相对于知识 R 的精确集，当 $\underline{R}(X) \neq \overline{R}(X)$ 时，则称 X 是关于论域 U 的相对于知识 R 的粗糙集。

定义 3.6　给定论域 U 和其上的一个等价关系 R，$\forall X \subseteq U$，称等价关系 R 定义的集合 X 的近似精度和粗糙度分别为

$$a_R(X) = \frac{|\underline{R}(X)|}{|\overline{R}(X)|} \tag{3-4}$$

$$\rho_R(X) = 1 - a_R(X) \tag{3-5}$$

其中，$|\bullet|$ 表示集合中元素的数目，称为集合的基数或势。

显然 $0 \leqslant a_R(X) \leqslant 1$，当 $a_R(X) = 1$ 时，表示不存在边界域，则称集合 X 相对于 R 是精确的；当 $a_R(X) < 1$ 时，表示存在边界域，则称集合 X 相对于 R 是粗糙的。$a_R(X)$ 可被认为是等价关系 R 下逼近集合 X 的精度。同样，如果 $\rho_R(X) = 0$，则集合 X 关于 R 是精确的，如果 $\rho_R(X) > 0$，则集合 X 关于 R 是粗糙的。

2.知识约简与知识表示

知识约简是粗糙集理论的核心内容。一般来讲，知识库中的知识（属性或等价关系）并不是同等重要的，甚至其中某些知识是不必要的，或者说是冗余的。所谓知识约简是指在不改变知识库的分类能力的条件下，删除其中不必要

的知识。在知识约简中的两个基本概念是约简与核。

定义 3.7　令 R 为一簇等价关系，对于 $\forall r \in R$，若 $IND(R) = IND(R-\{r\})$，则称 r 为 R 中不必要的，否则称 r 为 R 中必要的。若每一个 $r \in R$ 都为 R 中必要的，则称 R 为独立的，否则称 R 为依赖的。

定义 3.8　设 $Q \subseteq P$，若 Q 是独立的，且 $IND(Q) = IND(P)$，则称 Q 为 P 的一个约简。记做 $Q = RED(P)$。

定义 3.9　P 的所有约简的交集称为 P 的核。记做 $CORE(P) = \cap RED(P)$。

知识表示通过知识表达系统来完成，知识表达系统的基本成分是被研究对象的集合，关于这些对象的知识是通过指定对象的属性和它们的属性值来描述的，因此可以利用信息系统来表示知识。信息系统是粗糙集理论研究的基本对象，一个信息系统或知识表达系统如定义 3.10 所描述。

定义 3.10　信息系统 S 可以表达为一个有序四元组 $S = (U, C \cup D, V, f)$。$U = \{x_1, x_2, \cdots, x_n\}$ 为信息系统 S 中全体数据对象的集合，称为论域，C 为条件属性集，反映对象的特征，D 为决策属性集，反映对象的类别，$V = \bigcup_{a \in (C \cup D)} V_a$ 为全体属性值域的集合，映射 $f: U \times (C \cup D) \rightarrow V$，称为信息函数，即确定 U 中每一个对象在各个属性下的取值。

信息系统主要包括两种类型：一类是信息表（信息系统），即不包含决策属性的知识表达系统，另一类是决策表（决策信息系统），即含有决策属性的知识表达系统，对于粗糙集而言，信息表的研究价值不大，本章的研究均针对决策表。

3. 知识的信息熵与互信息

在粗糙集理论中，知识可以被认为是关于论域的各种划分模式，论域的一种划分诱导出论域的一簇基础概念，而论域中对象与基础概念之间的映射关系具有随机性，因此粗糙集意义下的知识可以被视为随机变量。

定义 3.11　设 P、Q 在论域 U 上导出的划分分别为 X 和 Y，其中 $X = U \mid IND(P) = \{X_1, X_2, \cdots, X_n\}$，$Y = U \mid IND(Q) = \{Y_1, Y_2, \cdots, Y_m\}$，则 P、Q 在论域 U 的子集组成的 σ 代数上的概率分布为

$$[X:p] = \begin{bmatrix} X_1 & X_2 & \cdots & X_n \\ p(X_1) & p(X_2) & \cdots & p(X_n) \end{bmatrix} \tag{3-6}$$

$$[Y:p] = \begin{bmatrix} Y_1 & Y_2 & \cdots & Y_m \\ p(Y_1) & p(Y_2) & \cdots & p(Y_m) \end{bmatrix} \tag{3-7}$$

式中，$p(X_i) = \dfrac{|X_i|}{|U|}$，$i = 1, 2, \cdots, n$；$p(Y_j) = \dfrac{|Y_j|}{|U|}$，$j = 1, 2, \cdots, m$。

在定义了知识的概率分布之后，根据信息论就可以定义知识的信息熵、条件熵和互信息的概念。

定义 3.12　知识 P 的信息熵 $H(P)$ 定义为

$$H(P) = -\sum_{i=1}^{n} p(X_i) \log p(X_i) \tag{3-8}$$

定义 3.13　知识 Q 相对于知识 P 的条件熵 $H(Q|P)$ 定义为

$$H(Q|P) = -\sum_{i=1}^{n} p(X_i) \sum_{j=1}^{m} p(Y_j|X_i) \log p(Y_j|X_i) \tag{3-9}$$

式中，$p(Y_j|X_i) = |Y_j \cap X_i|/|X_i|$，$i=1, 2, \cdots, n$；$j=1, 2, \cdots, m$。

定义 3.14　知识 P 与知识 Q 的互信息 $I(P, Q)$ 定义为

$$I(P, Q) = H(Q) - H(Q|P) \tag{3-10}$$

熵度量了信源提供的平均信息量的大小，互信息度量了一个信源从另一个信源获取的信息量的大小。

4.决策表的知识约简

决策表中的每一个样本代表了一条基本的决策规则。如果把所有这样的决策规则罗列出来，就可以得到一个决策规则集合，实际上也就是论域本身。但是这样的决策规则集合是没有什么用处的，因为其中的基本决策规则没有适应性，不能适应其他新的情况。为了能够从决策表中获取得到适应度大的规则，需要对决策表进行知识约简，使得经过约简处理的决策表中的一个记录就代表一类具有相同规律特性的样本，从而具有更大的适应性和应用价值。换而言之，知识约简是在不影响决策表分类能力的条件下，通过消除冗余的属性与属性值，而得到决策表最简单的分类方法。知识约简是粗糙集理论研究的精髓，也是决策表知识发现的有效方法和途径。

对决策表的约简包括对条件属性的约简和对规则的属性值约简，本章中主要应用对条件属性的约简，即从决策表中寻找条件属性 C 相对于决策属性 D 的相对约简。

定义 3.15　设 U 为一个论域，P 和 Q 分别是定义在 U 上的两个等价关系簇，Q 的 P 正域 $pos_P(Q)$ 定义为

$$pos_P(Q) = \bigcup_{X \in U/Q} P_-(X) \tag{3-11}$$

定义 3.16　给定一个知识库 $K=(U, S)$ 和知识库中两个等价关系簇 P, Q $\subseteq S$，$\forall R \in P$，若 $pos_{IND(P)}(IND(Q)) = pos_{IND(P-\{R\})}(IND(Q))$ 成立，则称 R 为 P 中相对于 Q 不必要的，否则称为 R 为 P 中相对于 Q 必要的。

如果对每一个 $R \in P$，R 都为 P 中相对于 Q 必要的，则称 P 为相对于 Q 独立的，反之称 P 为相对于 Q 不独立的。

定义 3.17　给定一个知识库 $K=(U, S)$ 和知识库中两个等价关系簇 P，Q $\subseteq S$，对于任意的 $G \in P$，若 G 是相对于 Q 独立的，且 $pos_G(Q)=pos_P(Q)$，则称 G 是 P 的一个 Q 约简，记为 $G \in RED_Q(P)$。

对于决策表 $S=(U, C \cup D, V, f)$，属性约简是在满足关于决策属性 D 的知识依赖于关于条件属性 C 的知识的情况下，条件属性 C 的所有约简，记为 Red_D (C)。

定义 3.18　给定一个知识库 $K=(U, S)$ 和知识库中两个等价关系簇 P，Q $\subseteq S$，对任意的 $R \in P$，若 R 满足 $pos_{IND(P)}(IND(Q)) \neq pos_{IND(P-\{R\})}(IND(Q))$，则称 R 为 P 中相对于 Q 必要的，P 中所有相对于 Q 必要的知识组成的集合称为 P 的 Q 核，记为 $CORE_Q(P)$，$CORE_Q(P)= \cap RED_Q(P)$。

对于决策表 $S=(U, C \cup D, V, f)$，相对核 $CORE_D(C)$ 是 C 中所有相对于 D 的必要属性构成的集合。

5.连续属性离散化

粗糙集理论只适合用于离散数据，但一般信息系统中的条件属性或决策属性的值域为连续值，因此，用粗糙集进行处理前，必须进行离散化处理。连续属性离散化就是在特定的连续属性的值域范围内设定若干个离散化划分点，将属性的值域范围划分为一些离散化区间，最后用不同的符号或整数值代表落在每个子区间中的属性值。连续属性的离散化关键在于合理确定离散化划分点的个数和位置。

设连续量的信息系统为 $S=(U, A, V_a, f)$，U 为论域，$A=C \cup D$，$C \cap D=$ $\varnothing$，C 为条件属性集，D 为决策属性集，V_a 为信息系统的值域，f 为 U 中每一个对象在各个属性下的取值。值域的常用离散化方法如下。

(1)经验分割法。设 $a \in A$ 的值域为连续量的信息系统中的任意属性，它的值域为 $V_a=[l_a, r_a] \subset R$，根据经验在 V_a 上确定 K 个断点值 $(c_1^a, c_2^a, \cdots, c_k^a)$，利用这些断点可以将 V_a 划分成 $k+1$ 个连续的区间，即 $\{[c_0^a, c_1^a), [c_1^a, c_2^a), \cdots, [c_k^a, c_{k+1}^a]\}$，然后用 $k+1$ 个不同的离散值来代替这 $k+1$ 个区间，这样属性 a 的值域就被离散化。

(2)等距分割法。在值域 $V_a=[l_a, r_a] \subset R$ 上给定参数 k，则每个区间的长度为 $L=(|l_a|+|r_a|)/(k+1)$，第 j 个断点值 $c_j^a=l_a+j \cdot L$，$j=1, 2, \cdots, k$，这样就将 V_a 等分为 $k+1$ 区间，同样用 $k+1$ 个不同的离散值来代替这 $k+1$ 个区间完成对属性 a 值域的离散化。

(3)基于聚类的方法。基于聚类的思想是将值域 V_a 中相邻的同类的连续值聚在一起，然后对每个聚类在各属性轴上的投影的边界设为断点。目前，有单个属性的聚类以及考虑全部属性的整体聚类离散化方法。

（4）基于遗传算法的离散化。遗传算法是一种非常有效的搜索和优化技术，具有隐含并行性、鲁棒性和全局搜索等特点。基于遗传算法的离散化是将最小断点集作为优化目标，通过寻求最优的断点达到离散化的目的。

3.3.2 证据理论基础知识

证据理论是由 Dempster 于 1967 年首先提出，由他的学生 Shafer 于 1976 年进一步发展起来的一种不精确推理理论，也称为 Dempster/Shafer 证据理论（D-S 证据理论）。Dempster 在研究统计问题时首先提出了上、下概率的概念，明确给出了不满足可加性的概率，并且针对统计问题给出了两批证据（即两个独立的信息源）的合成规则。Shafer 进一步给出了严格的数学理论，指出信任函数可以表示不确定性知识及其推理，并将证据融合推广到更加一般的情形。

证据理论是概率论的推广，具有比概率论更弱的公理体系和更严谨的推理过程，能够更加客观的反映事物的不确定性。作为一种不确定推理方法，它主要处理证据加权和证据支持度问题，并且利用可能性推理来实现证据的组合。证据理论从提出至今，已经在多分类器融合、不确定性推理、专家意见综合、多准则决策、模式识别、综合诊断等领域的不确定性信息处理中得到了较好的应用。

1.基本概念

当某命题的各种相互独立的可能方案或者假设构成的一个有限集合为 Θ，即 $\Theta = \{\theta_1, \theta_2, \cdots, \theta_N\}$，称 Θ 为该命题的一个识别框架。Θ 中的所有可能集合用幂集合 2^{Θ} 表示，当 Θ 中的元素有 N 个，则 Θ 的幂集合 2^{Θ} 的元素个数为 2^N。具体表示为

$$2^{\Theta} = \{ \varnothing, \{\theta_1\}, \cdots, \{\theta_N\}, \{\theta_1, \theta_2\}, \cdots, \{\theta_1, \theta_N\}, \cdots, \Theta\} \quad (3-12)$$

定义 3.19　设 Θ 为识别框架，函数 m 为从集合 2^{Θ} 到 $[0, 1]$ 区间的映射，满足：

$$\left.\begin{array}{l} m(\varnothing) = 0 \\ \displaystyle\sum_{A \subseteq \Theta} m(A) = \sum_{A \in 2^{\Theta}} m(A) = 1 \end{array}\right\} \quad (3-13)$$

则称 $m(A)$ 为命题 A 的基本可信度分配函数，也成为基本概率分配函数或 mass 函数。$m(A)$ 表示证据支持命题 A 发生的程度。

定义 3.20　对于识别框架 Θ 的子集 A，如果满足 $m(A) > 0$，则称 A 为焦元。当 A 中只含有一个元素时，称为单元素焦元；当 A 中含有 i 个元素时，称为 i 元素焦元。所有焦元的并集称为该基本可信度分配函数的核或核元素。

定义 3.21　焦元为空集 $\varnothing$ 的基本可信度分配函数 $m(\varnothing)$ 称为未知信度，表示证据对识别框架以外的命题的信任程度。

定义 3.22　当 $i > 1$ 时，i 元素焦元 A 的基本可信度分配函数 $m(A)$ 称为无知信度，表示证据对当且仅当命题为 A 的信任程度，即无法细致描述 A 的子集的证据，对 A 中的 i 个元素无法从证据上加以区分，表现出了无知。

定义 3.23　设 Θ 为识别框架，m 为基本可信度分配函数。定义函数 Bel：$2^{\Theta} \rightarrow [0, 1]$ 满足：

$$Bel(A) = \sum_{B \subseteq A} m(B)\ ,\ \forall A \subseteq \Theta \tag{3-14}$$

则称函数 Bel 为识别框架 Θ 上的信度函数，式中 $Bel(A)$ 反映所有 A 的子集的精确可信度总和，是可信程度的下限估计。

定义 3.24　设 Θ 为识别框架，m 为基本可信度分配函数。定义函数 Pls：$2^{\Theta} \rightarrow [0, 1]$ 满足：

$$Pls(A) = \sum_{B \cap A \neq \varnothing} m(B)\ ,\ \forall A \subseteq \Theta \tag{3-15}$$

则称函数 Pls 为识别框架 Θ 上的似真函数，式中的 $Pls(A)$ 表示不否定 A 的程度，$Pls(A)$ 包含了所有与 A 相容的那些集合的基本可信度，是可信程度的上限估计。

似真函数与信度函数有如下关系：

$$Pls(A) = 1 - Bel(\bar{A}) \tag{3-16}$$

式中，$\bar{A} = \Theta - A$。$Bel(\bar{A})$ 是对命题 A 为假的可信程度，即对 A 的怀疑程度；$Pls(A)$ 是证据不否定命题 A 的程度、或者主体在给定证据下对 A 的最大可信程度。

定义 3.25　$[Bel(A), Pls(A)]$ 称为 A 的可信区间，$u(A) = Pls(A) - Bel(A)$ 称为 A 的不确定度。不确定度反映了证据的不确定程度。当 $u(A)$ 为 0 时，证据理论就成为了概率论。

2.合成规则

定义 3.26　两个信度函数的合成。设 Bel_1，Bel_2 是同一识别框架 Θ 上的两个信度函数，m_1，m_2 分别是其对应的基本可信度分配，焦元分别为 A_1，$\cdots$，A_k 和 B_1，$\cdots$，B_l，设

$$\sum_{A_i \cap B_j = \varnothing} m_1(A_i) m_2(B_j) < 1 \tag{3-17}$$

那么由式(3-18)定义的函数 $m: 2^{\Theta} \rightarrow [0, 1]$ 为合成后的基本可信度分配。

$$m(A) = \begin{cases} 0, A = \varnothing \\ \dfrac{\displaystyle\sum_{A_i \cap B_j = A} m_1(A_i) m_2(B_j)}{1 - K}, A \neq \varnothing \end{cases} \tag{3-18}$$

$$K = \sum_{A_i \cap B_j = \varnothing} m_1(A_i) m_2(B_j)$$

合成后的信度函数可计为：$Bel_{12} = Bel_1 \oplus Bel_2$。$K$ 表示不一致因子，反映了证据冲突的程度，K 值越大，说明证据冲突程度也越大。系数 $[1/(1 - K)]$ 称为归一化因子，作用是避免在合成时将非 0 的信任赋给空集 $\varnothing$。

定义 3.27 多个信度函数的合成。设 $Bel_1, \cdots, Bel_n$ 是同一识别框架 Θ 上的信度函数，$m_1, \cdots, m_n$ 是对应的基本可信度分配，如果 $Bel_1 \oplus \cdots \oplus Bel_n$ 存在且合成后基本可信度分配函数记为 m，则 $\forall A \in \Theta, A \neq \varnothing, A_1, \cdots, A_n \subseteq \Theta$ 可由式(3-19)计算基本可信度分配值。

$$\begin{cases} m(A) = \dfrac{1}{K} \displaystyle\sum_{A_1 \cap A_2 \cap \cdots \cap A_n = A} m_1(A_1) m_2(A_2) \cdots m_n(A_n) \\ K = \displaystyle\sum_{A_1 \cap \cdots \cap A_n \neq \varnothing} m_1(A_1) m_2(A_2) \cdots m_n(A_n) \end{cases} \tag{3-19}$$

3.决策规则

决策规则对于一个专家推理系统来说是至关重要的。选择一个有效的决策规则是相当复杂的，同时不同决策规则可能形成不同的结果决策。目前，普遍采用的决策规则包括最大基本可信度分配函数法、最大信度函数法、最大似真函数法。

(1) 最大基本可信度分配函数法。设 $\exists A_1, A_2 \in \Theta$，满足 $m(A_1) = \max \{ m(A_i), A_i \in \Theta \}$，$m(A_2) = \max \{ m(A_i), A_i \in \Theta$ 且 $A_i \neq A_1 \}$，若有

$$\begin{cases} m(A_1) - m(A_2) > \varepsilon_1 \\ m(\Theta) < \varepsilon_2 \\ m(A_1) > m(\Theta) \end{cases} \tag{3-20}$$

则 A_1 即为判断结果，其中 ε_1 和 ε_2 为预先设定的门限值。

(2) 最大信度函数法。设 $\exists A_1, A_2 \in \Theta$，满足 $Bel(A_1) = \max \{ Bel(A_i), A_i \in \Theta \}$，$Bel(A_2) = \max \{ Bel(A_i), A_i \in \Theta$ 且 $A_i \neq A_1 \}$，若有

$$\begin{cases} Bel(A_1) - Bel(A_2) > \varepsilon_1 \\ Bel(\Theta) < \varepsilon_2 \\ Bel(A_1) > Bel(\Theta) \end{cases} \tag{3-21}$$

则 A_1 即为判断结果，其中 ε_1 和 ε_2 为预先设定的门限值。

（3）最大似真函数法。设 $\exists A_1$，$A_2 \in \Theta$，满足 $Pls(A_1) = \max\{Pls(A_i)$，$A_i \in \Theta\}$，$Pls(A_2) = \max\{Pls(A_i)$，$A_i \in \Theta$ 且 $A_i \neq A_1\}$，若有

$$\begin{cases} Pls(A_1) - Pls(A_2) > \varepsilon_1 \\ Pls(\Theta) < \varepsilon_2 \\ Pls(A_1) > Pls(\Theta) \end{cases} \tag{3-22}$$

则 A_1 即为判断结果，其中 ε_1 和 ε_2 为预先设定的门限值。

3.4　融合粗糙集和证据理论的温室 WSN 环境控制决策

3.4.1　温室无线传感器网络环境设施模型

不同地区温、光、水、气、肥等条件的不同，所建立的温室从结构到控制方法有很大的不同。本章以京津地区典型温室作为分析对象，此类温室由骨架与单层透明覆盖物构成，执行机构包括轴流风机、湿帘水泵、卷帘电机，监测的环境信息包括温度、湿度、光照度、土壤温度、土壤湿度、二氧化碳浓度。研究的温室无线传感网络环境设施模型如图 3-2 所示。

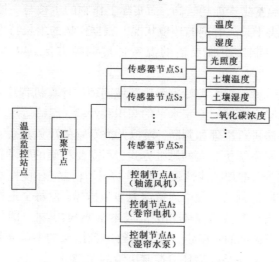

图 3-2　温室无线传感网络环境设施模型

从图 3-2 中可以看出，汇聚节点是传感器节点、控制节点与温室监控站点

之间的桥梁。在每个工作周期，监控站点通过串口向汇聚节点发出数据采集命令，汇聚节点收到命令后，根据无线路由表发送采集命令给网内所有的传感器节点，分布在温室不同区域的传感器节点接到采集命令后，将监测的环境数据传送至汇聚节点，各传感器节点的数据经汇聚节点融合后上传到监控站点，如果某传感器节点无法与汇聚节点成功通信，则监控站点判断其无线通信模块发生故障;控制指令由监控站点执行控制决策算法后，通过汇聚节点发送给相应的控制节点，驱动执行机构动作。

3.4.2　基于粗糙集和证据理论的控制决策模型

目前，温室环境控制方法大多建立在温室内部环境机理模型的基础上，而温室系统是一个大滞后、时变的非线性系统，变量因子间存在有强耦合，易受到外界气候波动、温室的结构设计及内部作物的生理活动等因素影响，采用传统的建模方法很难建立其准确的数学模型。现有的数学模型是在一些假设、简化后得到的，多为一阶、二阶惯性滞后环节，简化模型精度不高，难于满足控制系统的需要。

同时，现有温室环境控制方法的一个共同特点是以"精确控制"为目的，即选取一些控制目标，形成由多个控制目标组成优化性能指标函数并通过优化该性能函数来设计控制器达到最优控制的目的，将温室保持在作物生长的最佳环境，这势必造成温室生产能耗较高，而实际上作物的生长与一段时间内的环境有关，并不是取决于某一时刻的环境状况。根据作物的生长特性和作物对环境的缓冲能力，可以制定更加灵活的温室环境调控方法，以达到节能生产的目的。

专家系统是一种模拟人类专家解决领域问题的计算机程序系统，专家系统内部含有大量的某个领域的专家水平的知识和经验，能够运用人类专家的知识和解决问题的方法进行推理和判断，模拟人类专家的决策过程，来解决该领域的复杂问题。专家系统仿照人的思维方式，不需要精确的数学模型，对系统的控制精度依赖较少，推理鲁棒性强，非常适合处理温室环境控制问题。专家系统对温室环境控制的判断过程中通常需要多个指标，但每个指标在控制决策中作用不同，有些指标与决策是不相关的或不重要的;另外，即使获得了精简的指标体系，但由于数据的不确定，也会导致决策结果的不确定性。因此，采取一种不确定性处理方法是温室环境控制决策的关键。

采用粗糙集的知识约简可以对温室环境指标进行优化，获得精简的指标体系，然后对温室环境控制进行决策。决策的判断过程往往受到多个指标影响，如果只通过单个指标进行温室环境控制决策，可能出现不同的指标决策得出的结果不同，无法形成一个统一的决策结果，降低决策的可信度。此外，由于从温室获得的环境信息具有不确定、不完整等特点，仅采用单个指标进行决策，易造成决策的准确性降低。因此，为了消除不同指标决策之间的矛盾，提高决策的准确性与适用性，需要将多个指标融合或组合起来，利用组合的结果来进行综合决策。证据理论是建立在非经典概率论基础上的一种基于不确定性知识的推理，从不确定性初始信息出发，通过运用不确定性知识，推出具有一定程度不确定性和合理性或近似合理性的结论。证据理论在证据表达、不确定推理、决策制定方面的优势和特色，使其成为温室环境指标融合的有效方法。

　　基于粗糙集和证据理论的控制决策模型首先利用粗糙集作为前置系统，对温室环境控制的专家知识进行约简，然后利用证据理论的组合规则，将各约简集中的环境指标组合，获得组合结果的基本可信度分配，采用最大基本可信度分配函数法，判定应采取控制方法。基于粗糙集和证据理论的控制决策模型如图 3-3 所示。

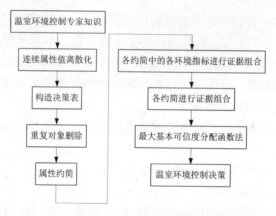

图 3-3　基于粗糙集和证据理论的控制决策模型

　　（1）连续属性离散化。粗糙集理论只能分析离散型的属性值，而专家知识中环境指标数据一般为连续量。因此，在属性约简处理之前，需要对数据进行离散处理。本章采用模糊 C 均值聚类方法对连续属性离散化，以满足离散属性的粗糙集学习方法。具体方法是按决策表的条件属性逐个进行聚类分析，对各属性下的聚类结果按升序排序，将相应的聚类类别作为其离散值[16-18]。

　　模糊 C 均值聚类算法基本原理：令 $X = \{x_1, x_2, \cdots, x_N\} \in R^P$ 为待分类对象，$V = \{v_1, v_2, \cdots, v_c\}$，$v_i$ 为第 i 类的聚类中心，c 为由用户给定的聚类数，u_{ij} 为第 j 个对象属于第 i 个类的隶属度，权重 $m \in (1, \infty)$ 为模糊因子，$d_{ij}^2 =$

$\| x_j - v_i \|^2 = \sum_{k=1}^{P} (x_{jk} - v_{ik})^2$ 为对象与类心的距离。模糊 C 均值算法通过不断调整类心和隶属度函数来进行聚类,v_i、u_{ij} 的迭代计算公式:

$$v_i = \sum_{j=1}^{N} u_{ij}^m x_j \Big/ \sum_{j=1}^{N} u_{ij}^m, i = 1, 2, \cdots, c \tag{3-23}$$

$$u_{ij} = 1 \Big/ \sum_{k=1}^{c} \left[\frac{d_{ij}^2}{d_{kj}^2} \right]^{\frac{1}{m-1}} \tag{3-24}$$

(2)专家决策表的形成。离散化后的专家知识可表达为 $S = (U, A, V, f)$,式中 S 为知识表达系统,对应温室环境控制专家知识。$U = \{x_1, x_2, \cdots, x_n\}$ 为论域,对应温室环境控制对象集;$A = C \cup D$ 为属性集合,$C \cap D = \varnothing$,$C = \{c_k, k = 1, 2, \cdots, m\}$ 是条件属性集,对应温室环境指标属性集;$D = \{d\}$ 是决策属性集,对应温室环境控制决策属性值。

(3)属性约简。约简是在不丢失信息的前提下,以最简单形式表示决策系统的决策属性对条件属性集合的依赖性或关联。一个决策表的约简未必是唯一的,可能存在多个约简集,所有约简的交集称为核。本章从信息论的角度来分析决策表的属性约简问题,利用信息熵、条件熵和互信息表达知识,增强决策表中知识的可理解性,应用基于信息熵的属性约简算法来实现温室环境控制决策表的约简。算法具体步骤如下:

Step1:计算 S 中条件属性集 C 和决策属性集 D 的互信息 $I(C, D) = H(D) - H(D|C)$;

Step2:计算 C 相对于 D 的核 $CORE_D(C)$;

Step3:令 $B = CORE_D(C)$;

Step4:计算 $I(B, D) = H(D) - H(D|B)$,如果 $I(B, D) = I(C, D)$,则转到 Step6,否则转到 Step4;

Step5:$\forall c_i \in C \backslash B$,计算 $I(c_i, D|B) = H(D|B) - H(D|B \cup \{c_i\})$,求得 $c_m = \arg \max_{c_i \in C \backslash B} I(c_i, D|B)$(若同时存在多个属性满足最大值,则从中选取一个与 B 的属性值组合数最少的属性作为 c_m),令 $B = B \cup \{c_i\}$,转到 Step4;

Step6:输出 $B \in RED_D(C)$ 即为所求约简。

(4)证据组合推理。针对一条温室环境信息样本,应用证据理论进行约简信息融合,实质上是对每一个属性的基本可信度函数进行组合,使可信度函数向更小的子集偏移,最后利用组合结果判断决策类别。证据理论推理的具体步骤为:①依据问题形成识别框架;②结合专家经验构造基本可信度分配函数;③依据样本在不同证据源中获得的数据,确定各焦元的基本可信度分配值;④按照证据组合规则,合成基本可信度分配值;⑤按最大基本可信度分配函数法做出最终决策。

3.5　实证与分析

3.5.1　数据准备

依据具体的温室环境信息,农业专家给出的温室环境控制知识表,见表 3-1,共 12 组样本,每组样本有 6 个条件属性和 1 个决策属性,其中条件属性集包括温度、湿度、光照度、土壤温度、土壤湿度、二氧化碳浓度,决策属性集包括 1、2、3、4 等四类,分别表示开启卷帘、开启卷帘与启动风机、启动风机与湿帘、无动作。表 3-1 的数据蕴含了温室环境指标和与之相对应的控制决策之间的依赖关系,但数据中蕴含的信息并不容易被用户理解,难以直接用于决策。

表 3-1　温室环境控制专家知识表

序号	温度 /℃	湿度 /%RH	光照度 /klux	土壤温度 /℃	土壤湿度 /%	二氧化碳 浓度/ppm	决策类别
1	29.3	80.3	8.5	26.8	58	507	1
2	31.7	77.2	12.5	27.9	55	468	1
3	32.9	75.8	13.1	29.4	54	423	1
4	34.5	73.5	13.8	30.1	54	376	2
5	35.3	67.1	15.4	30.5	55	349	2
6	36.5	62.0	16.3	31.2	56	326	2
7	37.6	56.3	20.5	31.6	56	271	3
8	38.8	49.9	26.7	33.4	57	254	3
9	41.6	46.4	38.4	34.3	53	261	3
10	24.1	60.5	3.7	23.1	57	405	4
11	25.2	58.1	6.8	24.6	55	394	4
12	26.7	53.7	7.6	26.9	56	386	4

使用模糊 C 均值聚类算法对表 3-1 中条件属性集进行聚类分析，聚类数取 4，与决策属性集的类别数相等，算法返回值为 4 类的聚类中心和各样本分别属于 4 个聚类中心的隶属度函数值，其中各个温室环境指标的聚类中心见表 3-2。

表 3-2　各个温室环境指标的聚类中心

聚类中心	温度/℃	湿度/%RH	光照度/klux	土壤温度/℃	土壤湿度/%	二氧化碳浓度/ppm
1	25.3625	48.6640	6.7342	23.8035	53.6971	262.0243
2	31.6279	58.0994	14.3421	27.1933	54.9911	339.3941
3	35.9283	66.5057	24.9303	30.5870	56.0089	397.1899
4	40.4255	76.9156	38.3667	33.8087	57.3027	488.0418

表 3-3 至表 3-8 分别为温度、湿度、光照度、土壤温度、土壤湿度、二氧化碳浓度等 6 个条件属性的 12 个样本连续属性值，分别属于各自 4 个聚类中心的隶属度函数值（保留到小数点后 4 位）。

表 3-3　温度样本的隶属度函数值

聚类中心	1	2	3	4	5	6	7	8	9	10	11	12
1	0.2305	0.0001	0.0231	0.0184	0.0038	0.0025	0.0129	0.0106	0.0049	0.9565	0.9990	0.9057
2	0.6593	0.9995	0.8107	0.1859	0.0279	0.0133	0.0541	0.0370	0.0131	0.0269	0.0006	0.0667
3	0.0813	0.0003	0.1431	0.7520	0.9539	0.9637	0.6910	0.2311	0.0404	0.0109	0.0002	0.0190
4	0.0289	0.0001	0.0232	0.0437	0.0143	0.0205	0.2419	0.7214	0.9416	0.0057	0.0001	0.0086

表 3-4　湿度样本的隶属度函数值

聚类中心	1	2	3	4	5	6	7	8	9	10	11	12
1	0.0105	0.0001	0.0017	0.0145	0.0010	0.0449	0.0507	0.9705	0.9473	0.0337	0.0000	0.3981
2	0.0212	0.0002	0.0039	0.0376	0.0043	0.5253	0.9139	0.0221	0.0355	0.8181	1.0000	0.5216
3	0.0550	0.0007	0.0141	0.1825	0.9910	0.3938	0.0284	0.0054	0.0120	0.1307	0.0000	0.0616
4	0.9133	0.9990	0.9803	0.7654	0.0036	0.0359	0.0070	0.0020	0.0052	0.0175	0.0000	0.0187

表 3-5　光照度样本的隶属度函数值

聚类中心	1	2	3	4	5	6	7	8	9	10	11	12
1	0.9038	0.0904	0.0362	0.0058	0.0145	0.0380	0.0616	0.0075	0.0000	0.9014	0.9999	0.9806
2	0.0826	0.8857	0.9510	0.9913	0.9715	0.9081	0.3076	0.0195	0.0000	0.0733	0.0001	0.0162
3	0.0104	0.0194	0.0105	0.0024	0.0120	0.0467	0.5943	0.9511	0.0000	0.0184	0.0000	0.0024
4	0.0032	0.0045	0.0023	0.0005	0.0021	0.0071	0.0365	0.0219	1.0000	0.0069	0.0000	0.0008

表 3-6　土壤温度样本的隶属度函数值

聚类中心	1	2	3	4	5	6	7	8	9	10	11	12
1	0.0167	0.0267	0.0320	0.0057	0.0002	0.0063	0.0132	0.0018	0.0021	0.9591	0.8932	0.0088
2	0.9698	0.8983	0.2056	0.0267	0.0007	0.0216	0.0413	0.0042	0.0047	0.0283	0.0843	0.9832
3	0.0105	0.0622	0.7109	0.9512	0.9985	0.9212	0.7812	0.0205	0.0171	0.0085	0.0158	0.0062
4	0.0031	0.0129	0.0515	0.0164	0.0007	0.0509	0.1644	0.9735	0.9761	0.0041	0.0067	0.0018

表 3-7　土壤湿度样本的隶属度函数值

聚类中心	1	2	3	4	5	6	7	8	9	10	11	12
1	0.0218	0.0000	0.8893	0.8893	0.0000	0.0000	0.0000	0.0075	0.8316	0.0075	0.0000	0.0000
2	0.0446	0.9999	0.0830	0.0830	0.9999	0.0001	0.0001	0.0202	0.1020	0.0202	0.9999	0.0001
3	0.1019	0.0001	0.0202	0.0202	0.0001	0.9999	0.9999	0.0832	0.0446	0.0832	0.0001	0.9999
4	0.8317	0.0000	0.0075	0.0075	0.0000	0.0000	0.0000	0.8891	0.0218	0.8891	0.0000	0.0000

表3-8　二氧化碳浓度样本的隶属度函数值

聚类中心	1	2	3	4	5	6	7	8	9	10	11	12
1	0.0057	0.0085	0.0201	0.0246	0.0115	0.0404	0.9766	0.9870	0.9998	0.0029	0.0006	0.0076
2	0.0122	0.0218	0.0745	0.2384	0.9463	0.9208	0.0168	0.0087	0.0002	0.0138	0.0034	0.0535
3	0.0284	0.0719	0.7822	0.7116	0.0376	0.0326	0.0049	0.0031	0.0001	0.9747	0.9949	0.9278
4	0.9537	0.8978	0.1232	0.0254	0.0045	0.0063	0.0017	0.0012	0.0000	0.0086	0.0011	0.0112

取样本隶属度值最大的类别作为该样本在该条件属性上的取值，这样原始的连续变量空间被映射到离散的特征空间。获得相应的决策表，见表3-9，可以看出表3-9中不存在不相容的样本，说明聚类数为4比较合适。

表3-9　温室环境控制决策表

序号	温度	湿度	光照度	土壤温度	土壤湿度	二氧化碳浓度	决策类别
1	2	4	1	2	4	4	1
2	2	4	2	2	2	4	1
3	2	4	2	3	1	3	1
4	3	4	2	3	1	3	2
5	3	3	2	3	2	2	2
6	3	2	2	3	3	2	2
7	3	2	2	3	3	1	3
8	4	1	3	4	4	1	3
9	4	1	4	4	1	1	3
10	1	2	1	1	4	3	4
11	1	2	1	1	2	3	4
12	1	2	1	2	3	3	4

3.5.2　求核与属性约简

为了计算方便，用符号 a、b、c、d、e、f、D 分别表示温度、湿度、光照度、土壤温度、土壤湿度、二氧化碳浓度、决策类别。

（1）求核。对于给定的决策表，$\forall c_i \in C$，若 $H(D|C) \neq H(D|C\backslash\{c_i\})$，则令 $CORE_D(C) = CORE_D(C) \cup \{c_i\}$，遍历条件属性集中的每一个属性，得到的 $CORE_D(C)$ 即为决策表的相对核。使用该定义分析表 3-9：$H(D) = 2$，$H(D|C) = 0$，$H(D|C\backslash\{a\}) = 0.1667$，$H(D|C\backslash\{b\}) = 0$，$H(D|C\backslash\{c\}) = 0$，$H(D|C\backslash\{d\}) = 0$，$H(D|C\backslash\{e\}) = 0$，$H(D|C\backslash\{f\}) = 0$，显然表 3-9 的相对核 $CORE_D(C) = \{a\}$。

（2）属性约简。利用基于信息熵的属性约简算法来约简表 3-9。首先计算 $I(C, D) = 2$，$I(B, D) = 1.7297$，然后分别计算 $I(b, D|B) = 0.1036$，$I(c, D|B) = 0.2703$，$I(d, D|B) = 0$，$I(e, D|B) = 0.1036$，$I(f, D|B) = 0.2703$，使熵值最大的属性为 $\{c, f\}$，且 c 与 B、f 与 B 的属性组合数都为 7，此时 $I(B\cup c, D)$、$I(B\cup f, D)$ 与 $I(C, D)$ 相等，故依据基于信息熵的属性约简算法，对于表 3-9，所求约简为 $\{a, c\}$ 和 $\{a, f\}$，其数学含义为决策属性 D 对条件属性集合 $\{a$、b、c、d、e、$f\}$ 依赖性的最简形式。即决策类别只与 $\{$温度，光照度$\}$、$\{$温度，二氧化碳浓度$\}$ 两个集合有关联，而与其他条件属性无关。

3.5.3　证据组合

在温室环境控制决策推理中，识别框架中的元素表示采用哪一种控制方法，对于表 3-1，识别框架可表示为 $\{L(k), k = 1, 2, 3, 4\}$，分别表示四种决策类别（即控制方法）。控制决策识别框架幂集下的基本信度分配函数 $m(\bullet)$ 表示环境信息对各种决策类别的支持程度，并且满足 $m(\varnothing) = 0$，$\sum\limits_{A \in \Theta} m(A) = 1$。

设 $m(1)$、$m(2)$、$m(3)$、$m(4)$ 分别表示采用该种控制决策的基本可信度分配，$m(\Theta)$ 表示不确定的基本可信度分配。本章利用表 3-1 中各决策类别对应的环境指标均值对基本可信度区间进行划分。

以温度为例，$L(1)$、$L(2)$、$L(3)$、$L(4)$ 所对应的属性值集合为 $\{29.3, 31.7, 32.9\}$、$\{34.5, 35.3, 36.5\}$、$\{37.6, 38.8, 41.6\}$、$\{24.1, 25.2, 26.7\}$，平均值分别为 31.3、35.4、39.3、25.3。

温度的基本可信度建立如下：

（1）当 $a < 25.3$，则 $m(4) = 0.9$，$m(3) = 0$，$m(2) = 0$，$m(1) = 0$，$m(\Theta) =$

0.1。

（2）当 $25.3 \leqslant a < 31.3$，则 $m(4) = [1-(a-25.3)/(31.3-25.3)] \times 0.9$，$m(3) = 0$，$m(2) = 0$，$m(1) = [(a-25.3)/(31.3-25.3)] \times 0.9$，$m(\Theta) = 0.1$。

（3）当 $31.3 \leqslant a < 35.4$，则 $m(4) = 0$，$m(3) = 0$，$m(2) = [(a-31.3)/(35.4-31.3)] \times 0.9$，$m(1) = [1-(a-31.3)/(35.4-31.3)] \times 0.9$，$m(\Theta) = 0.1$。

（4）当 $35.4 \leqslant a < 39.3$，则 $m(4) = 0$，$m(3) = [(a-35.4)/(39.3-35.4)] \times 0.9$，$m(2) = [1-(a-35.4)/(39.3-35.4)] \times 0.9$，$m(1) = 0$，$m(\Theta) = 0.1$。

（5）当 $39.3 \leqslant a$，则 $m(4) = 0$，$m(3) = 0.9$，$m(2) = 0$，$m(1) = 0$，$m(\Theta) = 0.1$。

采用上述方法，可以分别构造光照度和二氧化碳浓度的基本可信度分配函数。对于光照度，$L(1)$、$L(2)$、$L(3)$、$L(4)$ 所对应的属性值集合为 $\{8.5, 12.5, 13.1\}$、$\{13.8, 15.4, 16.3\}$、$\{20.5, 26.7, 38.4\}$、$\{3.7, 6.8, 7.6\}$，平均值分别为 11.4、15.2、28.5、6.0。光照度的基本可信度建立如下：

（1）当 $c < 6.0$，则 $m(4) = 0.9$，$m(3) = 0$，$m(2) = 0$，$m(1) = 0$，$m(\Theta) = 0.1$。

（2）当 $6.0 \leqslant c < 11.4$，则 $m(4) = [1-(c-6.0)/(11.4-6.0)] \times 0.9$，$m(3) = 0$，$m(2) = 0$，$m(1) = [(c-6.0)/(11.4-6.0)] \times 0.9$，$m(\Theta) = 0.1$。

（3）当 $11.4 \leqslant c < 15.2$，则 $m(4) = 0$，$m(3) = 0$，$m(2) = [(c-11.4)/(15.2-11.4)] \times 0.9$，$m(1) = [1-(c-11.4)/(15.2-11.4)] \times 0.9$，$m(\Theta) = 0.1$。

（4）当 $15.2 \leqslant c < 28.5$，则 $m(4) = 0$，$m(3) = [(c-15.2)/(28.5-15.2)] \times 0.9$，$m(2) = [1-(c-15.2)/(28.5-15.2)] \times 0.9$，$m(1) = 0$，$m(\Theta) = 0.1$。

（5）当 $28.5 \leqslant c$，则 $m(4) = 0$，$m(3) = 0.9$，$m(2) = 0$，$m(1) = 0$，$m(\Theta) = 0.1$。

对于二氧化碳浓度，$L(1)$、$L(2)$、$L(3)$、$L(4)$ 所对应的属性值集合为 $\{507, 468, 423\}$、$\{376, 349, 326\}$、$\{271, 254, 261\}$、$\{405, 394, 386\}$，平均值分别为 466、350、262、395。二氧化碳浓度的基本可信度建立如下：

（1）当 $f < 262$，则 $m(4) = 0$，$m(3) = 0.9$，$m(2) = 0$，$m(1) = 0$，$m(\Theta) = 0.1$。

（2）当 $262 \leqslant f < 350$，则 $m(4) = 0$，$m(3) = [1-(f-262)/(350-262)] \times 0.9$，$m(2) = [(f-262)/(350-262)] \times 0.9$，$m(1) = 0$，$m(\Theta) = 0.1$。

（3）当 $350 \leqslant f < 395$，则 $m(4) = [(f-350)/(395-350)] \times 0.9$，$m(3) = 0$，$m(2) = [1-(f-350)/(395-350)] \times 0.9$，$m(1) = 0$，$m(\Theta) = 0.1$。

（4）当 $395 \leqslant f < 466$，则 $m(4) = [1-(f-395)/(466-395)] \times 0.9$，$m(3) = 0$，$m(2) = 0$，$m(1) = [(f-395)/(466-395)] \times 0.9$，$m(\Theta) = 0.1$。

（5）当 $466 \leqslant f$，则 $m(4) = 0$，$m(3) = 0$，$m(2) = 0$，$m(1) = 0.9$，$m(\Theta) = 0.1$。

设温室四个不同时刻测得的温度、光照度、二氧化碳浓度样本为：$F1 = $

$\{30.4℃, 9.7\ klux, 440ppm\}$，$F2 = \{33.5℃, 12.7\ klux, 365ppm\}$，$F3 = \{37.9℃$，$21.2klux, 278ppm\}$，$F4 = \{22.5℃, 8.3\ klux, 364ppm\}$，则通过计算得出基本可信度分配值，见表3-10。

表3-10　基本可信度分配值

样本	指标	$m(1)$	$m(2)$	$m(3)$	$m(4)$	$m(\Theta)$
	a	0.765	0	0	0.135	0.1
$F1$	c	0.617	0	0	0.283	0.1
	f	0.570	0	0	0.330	0.1
	a	0.417	0.483	0	0	0.1
$F2$	c	0.592	0.308	0	0	0.1
	f	0	0.600	0	0.300	0.1
	a	0	0.323	0.577	0	0.1
$F3$	c	0	0.494	0.406	0	0.1
	f	0	0.164	0.736	0	0.1
	a	0	0	0	0.9	0.1
$F4$	c	0.383	0	0	0.517	0.1
	f	0	0.620	0	0.280	0.1

对温度、光照度与温度、二氧化碳浓度两组约简进行证据组合，获得相应的基本可信度分配，然后将两组属性集证据进行组合，获得组合后的基本可信度分配，最后利用最大基本可信度分配函数法对决策类别进行判断，选取门限值：$\varepsilon_1 = 0.2, \varepsilon_2 = 0.03$。

从表3-11中可以看出，两组属性集证据组合能够有效地对样本进行决策判断，4个样本分别对应一种决策类别。例如，样本$F2$，证据$\{a, c\}$组合后，判断为$L(1)$，证据$\{a, f\}$组合后，判断为$L(2)$，两者得出的判断结果不一致，将两者的组合结果进一步融合，$m(1)$和$m(2)$的基本可信度分配值分别为0.17024、0.81018，即可判断决策为$L(2)$；样本$F3$，证据$\{a, c\}$组合后，$m(2)$与$m(3)$基本可信度分配值的差小于0.2，无法做出判断，当证据$\{a, c\}$与证据$\{a, f\}$合成后，$m(3)$与$m(2)$基本可信度分配值的差为0.62564，能够判断决策为$L(3)$。另外，从表中$m(\Theta)$值的变化可以看出，经过证据组合，$m(\Theta)$显著减小，$\{a, c, f\}$组合后的不确定性比单一约简的不确定性降低一个数量级

（由 10^{-2} 变至 10^{-3}），说明多源证据的组合减少了决策判断的不确定性，提高了判断精度。同时，组合后的基本可信度分配较组合前具有更好的峰值性，从而提高了系统对控制决策类别的判断能力。

表 3-11　证据组合与决策

样本	证据组合	$m(1)$	$m(2)$	$m(3)$	$m(4)$	$m(\Theta)$	决策
F1	$a \oplus c$	0.87146	0	0	0.11426	0.01428	$L(1)$
	$a \oplus f$	0.84931	0	0	0.13577	0.01491	$L(1)$
	$a \oplus c \oplus f$	0.91461	0	0	0.08318	0.00221	$L(1)$
F2	$a \oplus c$	0.59383	0.38909	0	0	0.01708	$L(1)$
	$a \oplus f$	0.08691	0.82972	0	0.06253	0.02084	$L(2)$
	$a \oplus c \oplus f$	0.17024	0.81018	0	0.01469	0.00490	$L(2)$
F3	$a \oplus c$	0	0.41324	0.56963	0	0.01713	未知
	$a \oplus f$	0	0.15228	0.83274	0	0.01498	$L(3)$
	$a \oplus c \oplus f$	0	0.18576	0.81140	0	0.00284	$L(3)$
F4	$a \oplus c$	0.05845	0	0	0.92629	0.01526	$L(4)$
	$a \oplus f$	0	0.14027	0	0.83710	0.02262	$L(4)$
	$a \oplus c \oplus f$	0.01567	0.02536	0	0.95489	0.00409	$L(4)$

3.6　本章小结

本章提出了一种融合粗糙集与证据理论的温室无线传感器网络环境控制决策方法，首先应用无线传感器网络构建温室环境控制设施，采集温室环境信息与控制执行机构运行；然后采用模糊 C 均值聚类方法实现连续数据离散化，利用基于信息熵的属性约简算法对专家决策表进行约简，采用均值划分的基本可信度分配函数获得样本在各焦元的基本可信度分配值；最后对各约简属性集进行证据合成，依据最大基本可信度分配函数法，判定应采取控制方法。分析表明：

（1）采用本章所提出的控制决策方法具有较高的鲁棒性，能在较低数量专家知识（实例中仅为 12 组样本）的情况下合理分配冲突信息，有效做出决策，将其应用于温室环境控制决策具有可行性。

（2）基于信息熵的属性约简算法，能够获取温室环境控制决策中最主要的指标信息，降低决策表的复杂性，实例中的条件属性被约简至两个集合，仅包含 3 个属性元素，能有效减少证据组合的计算量。

（3）证据理论的推导结果适应了温室环境控制决策的不确定性特征，采用多约简属性集的层次型结构进行判断，证据组合后的不确定的基本可信度分配明显减少，实例中不确定性的数量级由 10^{-2} 变至 10^{-3}，表明该方法使决策结果更加准确。

参考文献

[1] 朱伟兴，毛罕平，李萍萍. 遗传优化模糊控制器在温室控制系统中的应用[J]. 农业机械学报，2002，33(3)：76-79.

[2] 任雪玲，徐立鸿. 温室环境控制中时延问题的新型控制算法[J]. 厦门大学学报(自然科学版)，2001，40(增刊 1)：192-195.

[3] 葛建坤，罗金耀，李小平，等. 基于 ANFIS 的温室气温模糊控制仿真[J]. 农业工程学报，2010，26(8)：216-221.

[4] 伍德林，毛罕平，李萍萍. 基于经济最优目标的温室环境控制策略[J]. 农业机械学报，2007，38(2)：115-119.

[5] 孙力帆，张雅媛，郑国强，等. 基于 D-S 证据理论的智能温室环境控制决策融合方法[J]. 农业机械学报，2018，49(1)：268-275.

[6] 王纪章，李萍萍，毛罕平. 基于作物生长和控制成本的温室气候控制决策支持系统[J]. 农业工程学报，2006(9)：168-171.

[7] 王成，李民赞，王丽丽，等. 基于数据仓库和数据挖掘技术的温室决策支持系统[J]. 农业工程学报，2008(11)：169-171.

[8] 王纪章，李萍萍，赵青松. 基于积温模型的温室栽培生产规划决策支持系统[J]. 江苏大学学报(自然科学版)，2013，34(5)：543-547.

[9] 张文修，吴伟志，梁吉业，等. 粗糙集理论与方法[M]. 北京：科学出版社，2005.

[10] Xu Jiucheng, Shen Junyi, Wang Guoyin. Rough set theory analysis on decision subdivision. Lecture Notes in Artificial Intelligence, 2004, 38(6):340-345.

[11] 耿俊豹，邱玮，孔祥纯，等. 基于粗糙集和 D-S 证据理论的设备技术状态评估[J]. 系统工程与电子技术，2008，30(1)：112-115.

[12] 徐袭，许国荣，张虎. 基于 FCM 与粗糙集的连续数据知识挖掘方法[J]. 海军工程大学学报，2006，18(1)：103-107.

[13] 宋立军，胡政，杨拥民，等. 基于证据理论与粗糙集集成推理策略的内燃机故障诊断[J]. 内燃机学报，2007，25(1)：90-95.

［14］任红卫，邓飞其. 基于证据理论的信息融合故障诊断方法［J］. 系统工程与
　　　电子技术，2005，27（3）：471-473.

［15］黄玉祥，郭康权，朱瑞祥，等. 基于证据理论的农业机械选型风险因素评
　　　价方法［J］. 农业工程学报，2008，24（4）：135-141.

［16］裴继红，范九伦，谢维信. 一种新的高效软聚类方法：截集模糊 C 均值聚
　　　类算法［J］. 电子学报，1998，26（2）：83-86.

［17］宫改云，高新波，伍忠东. FCM 聚类算法中模糊加权指数 m 的优选方法
　　　［J］. 模糊系统与数学，2004，19（1）：143-148.

［18］陈金山，韦岗. 遗传+模糊 C-均值混合聚类算法［J］. 电子与信息学报，
　　　2002，24（2）：210-215.

第 4 章　基于遗传 BP 算法的温室 WSN 定位方法

4.1　引言

无线传感器网络是一种由大量的廉价微型传感器节点通过自组织方式形成的无线网络，每个网络节点由传感器模块、处理模块、通信模块和电源模块组成，完成数据采集、数据收发、数据转发三项基本功能。作为一种新型的信息获取和处理技术，无线传感器网络在温室环境监测具有十分广阔的应用前景。图 4-1 为无线传感器网络体系结构，从图中可以看出，定位服务是无线传感器网络中一项重要的基础功能和应用的重要条件。在温室无线传感器网络应用中，节点的位置信息对于无线传感器网络来说至关重要，事件发生的位置或获取信息的传感器节点位置是监测信息中所应包含的关键内容，没有位置信息的监测数据往往毫无意义。只有在节点自身准确定位之后，才能获取监测到的事件或信息的具体位置。

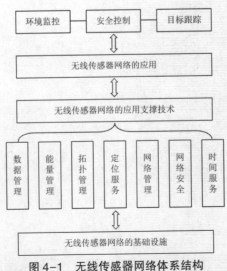

图 4-1　无线传感器网络体系结构

　　获得节点位置的一个直接方法是使用全球定位系统(global positioning system,GPS)来实现,但是在无线传感器网络中使用 GPS 来获得所有节点的位置受到价格、体积、功耗、布置环境等诸多因素制约,实际应用中根本无法实现。在无线传感器网络定位算法中,通常部署一定比例的锚节点(通过配置 GPS 接收器或人工配置等手段自主获取位置信息,为其他节点的定位提供基准信息的节点),未知位置的普通节点通过与锚节点之间通信(无线电或声波等)等获取某种测量信息,然后使用一定的定位技术估计自身的位置。由于定位服务在无线传感器网络中的重要性,使其成为研究的热点领域之一,国内外学者获得了丰富的研究成果,提出了许多定位解决方案和算法。通常定位算法可以分为以下几类:

　　(1)基于测距技术的定位和非基于测距技术的定位。根据定位过程中,定位算法是否测量实际节点之间的距离,把定位算法分为:基于测距的(range-based)定位算法和非基于测距(range-free)的定位算法。基于测距的定位算法是通过测量相邻节点间的实际距离或角度来确定未知位置节点的位置,通常分为三步:测量距离或角度、定位和修正。在基于测距的定位算法中,测量节点间距离和方位时常采用的方法有基于接收信号强度指示(received signal strength indicator,RSSI)、基于到达时间差(time difference of arrival,TDOA)、基于到达时间(time of arrival,TOA)、基于到达角度(angle of arrival,AOA)。非基于测距技术的定位算法则无需距离或角度信息,仅根据网络连通性等信息即可实现。在计算待定节点的实际位置时,不需要两节点之间的实际距离或者角度,因而降低了对节点的硬件要求,同时满足了传感器网络应用的实际需求。质心、Dv-Hop(distance vector-hop)、Amorphous、APIT(approximate point-in-triangulation test)、凸规划及 MDS-MAP(multi-dimensional scaling-map)等为常见的非基于测距技术的定位算法。

　　(2)绝对定位与相对定位。绝对定位与物理定位类似,等于利用锚节点作为参考引入了一个外部坐标系,定位结果是一个标准的坐标位置,如经纬度。而相对定位通常是以网络中部分节点为参考,建立整个网络的相对坐标系统。绝对定位中节点位置唯一,受节点移动性影响较小,有更广泛的应用领域。绝对定位算法有质心、Dv-Hop、Amorphous、APIT 等。相对定位无需锚节点,对系统硬件要求较低,可以节约成本,并且能够实现部分路由协议,尤其是基于地理位置的路由。若给定具有绝对坐标的参考点后,相对坐标可转变成绝对坐标,增加适用性。典型的相对定位算法和系统有 SPA(self-positioning algorithm),LPS(local positioning system),SDGPSN(scalable and distributed GPS free positioning for sensor networks)等。

（3）分布式定位和集中式定位。分布式定位是指定位算法在本地节点工作，节点与节点之间无直接干扰，所有节点自行计算自己的位置。集中式定位是指所有节点将所需定位信息传送到计算能力和存储能力相对较高的汇聚节点，汇聚节点集中进行节点定位计算，然后将定位结果通知每一个节点。分布式定位中，节点根据本地信息进行自我定位，通信开销、计算开销、存储需求都比较小，但其定位精度受锚节点的数量和分布影响较大。常见的分布式定位算法有 APS（ad hoc position system）、AHLos（ad hoc localization system）、APIT 等。集中式定位的优点在于从全局角度统筹规划，可以获得相对精确的位置估算。它的缺点是定位过程伴随着较高的通信代价，而且一旦汇聚节点出现问题，将会影响整个定位服务功能。集中式定位算法包括凸规划、MDS-MAP、半正定规划等。

（4）紧密耦合与松散耦合。紧密耦合定位是指锚节点不仅被仔细地部署在固定的位置，并且通过有线媒介连接到中心控制器；而松散耦合定位中的锚节点采用无中心控制器的分布式无线协调方式。紧密耦合定位适用于室内环境，精确性和实时性较高，时间同步和锚节点间的协调问题容易解决。但该方法限制了系统的可扩展性，代价较大，难以应用于无法布线的室外环境。松散耦合定位以定位精确性为代价而获得了部署的灵活性，依赖节点间的协调和信息交换实现定位，由于没有直接的协调，容易产生通信冲撞。

目前，温室的面积通常为几百至数千平方米不等，并随着温室技术的发展，呈持续扩大趋势，这意味着需要部署大量的无线传感器节点才能保证监测的覆盖性和连通性，势必造成网络规模和设备成本上升。使用移动节点对温室区域的环境进行动态、随机监测，既能减少节点数量，又可保证获取温室环境信息的全面性。移动节点定位是该应用的核心与基础，节点位置信息是否准确直接关系到所采集数据的有效性。无线传感器网络的定位算法无需向网络中添加任何定位测量专用设备，而是利用监测区域内原先布置好的锚节点，通过信息感知、协作信号与信息处理的方式确定移动节点位置，且具有较高的定位精度，是温室移动环境监测定位服务的一种很好的选择。目前，许多无线射频芯片本身都具有 RSSI 采集功能，无需增加额外的测距硬件，所以 RSSI 方法非常适合应用于温室无线传感器网络定位。本章将以定位精度、自适应性为目标，围绕基于 RSSI 测距技术的温室无线传感器网络绝对定位算法展开研究。

4.2　相关工作

无线传感器网络技术的出现很大程度上丰富了信息获取的方式与手段，使用户对温室环境信息进行全方位监测成为可能。温室面积的扩大，有利于节省材料、降低成本、提高采光率、节省能耗和提高种植效益，是今后设施农业的发展趋势。对于监测面积不断扩大的温室无线传感器网络，加入移动节点不仅可以增大网络的采样覆盖范围，而且能够作为中继节点提高网络连通性。温室环境监测应用中，不知道位置的环境信息是无法解读的，也是没有意义的，移动节点自身的准确定位是其所提供数据有效性的前提。由于定位技术在无线传感器网络中的重要性，许多学者从不同的角度和应用出发，开展了基于 RSSI 测距技术的绝对定位研究，提出了不同的定位算法。

朱剑等提出基于 RSSI 均值的等边三角形定位算法，该算法引入接收信号强度指示（RSSI）敏感区和非敏感区概念，采用高斯模型对非敏感区的 RSSI 数据进行处理，解决了 RSSI 易受干扰的问题。采用等边三角形分布模型处理锚节点的分布，保证未知节点运动轨迹始终在锚节点的非敏感区内，从而在定位算法上使测量精度得到提高。该算法计算简单，定位过程中锚点间无通讯开销，但由于 RSSI 值和未知节点到锚节点的距离之间的关系随环境变化而改变，如何产生一个普适的损耗模型仍是一个有待解决的问题。

赵昭等提出基于 RSSI 的改进定位算法，该算法将定位节点接收到的所有锚节点的 RSSI 值进行分析排序，采用 RSSI 值大的前几个锚节点进行节点自身定位计算。具体做法是：定位节点在收到 Q 个锚节点的信息后，对锚节点按照 RSSI 值从大到小排序，取前 4 个锚节点，由锚节点间距离和信号强度校正的 RSSI 测距模型，计算未知节点到锚节点距离。设参与定位计算的锚节点为 $A(x_A, y_A)$、$B(x_B, y_B)$、$C(x_C, y_C)$、$E(x_E, y_E)$，未知节点 $M(x, y)$ 到各锚节点的距离分别为 d_A、d_B、d_C、d_E。每次取 3 个锚节点即可对未知节点进行一次坐标估计，通过 A、B、C 点得到 M 点的估计 $M_1(x_1, y_1)$，通过 A、B、E 点得到 M 点的估计 $M_2(x_2, y_2)$，通过 A、C、E 点得到 M 点的估计 $M_3(x_3, y_3)$，通过 B、C、E 点得到 M 点的估计 $M_4(x_4, y_4)$，然后通过加权质心算法得到 M 点最终估计坐标为：

$$x = \cfrac{\cfrac{x_1}{d_A + d_B + d_C} + \cfrac{x_2}{d_A + d_B + d_E} + \cfrac{x_3}{d_A + d_C + d_E} + \cfrac{x_4}{d_B + d_C + d_E}}{\cfrac{1}{d_A + d_B + d_C} + \cfrac{1}{d_A + d_B + d_E} + \cfrac{1}{d_A + d_C + d_E} + \cfrac{1}{d_B + d_C + d_E}} \quad (4-1)$$

$$y = \cfrac{\cfrac{y_1}{d_A + d_B + d_C} + \cfrac{y_2}{d_A + d_B + d_E} + \cfrac{y_3}{d_A + d_C + d_E} + \cfrac{y_4}{d_B + d_C + d_E}}{\cfrac{1}{d_A + d_B + d_C} + \cfrac{1}{d_A + d_B + d_E} + \cfrac{1}{d_A + d_C + d_E} + \cfrac{1}{d_B + d_C + d_E}} \quad (4-2)$$

该算法完全采用几何运算，不需要迭代，具有非常好的快速性，比传统的 RSSI 定位算法拥有更好的定位性能。现实中无线信号传播由于受环境的影响，相同的 RSSI 值对应的距离相差较多，但该算法并没有考虑如何修正环境对 RSSI 值的影响。

李方敏等提出结合丢包率和 RSSI 的自适应区域定位算法，该算法针对实际环境内存在大量的不确定因素导致无线信号传播的不确定性问题，通过实验获取不同时间、空间上的 RSSI 值和丢包率值的变化，并在此基础上对 RSSI 值同距离的关系和丢包率同距离的关系进行曲线拟和，得到距离 d 和 RSSI 值的 3 次曲线与距离 d 和丢包率的 3 次曲线，然后根据 RSSI 值的标准差阈值，将 RSSI 值和丢包率作为评判发送节点到接收节点之间距离的标准，最后由三角定位法或三边定位法得到未知节点的坐标。该算法能在很大程度上弥补了无线信号传输模型在实际环境中受到各种因素的影响而对距离计算造成的误差，但不同时间和空间上 RSSI 值、丢包率同距离关系的确定需要耗费大量的时间和人力，使其实际应用价值不高。

刘桂雄等提出利用最小二乘支持向量机实现无线传感器网络的目标定位算法，该算法首先根据定位区域内未知节点到各锚节点的实际距离构成距离向量 V，然后利用最小二乘支持向量机对距离向量 V 与未知节点坐标 (x, y) 之间的映射关系进行学习，建立定位模型，最后将实际测量的距离向量 V' 输入定位模型，计算得到未知节点坐标估计值 (x', y')。该算法借助于最小二乘支持向量机良好的抗噪音能力能够有效减小 RSSI 值波动对定位结果的影响，提高定位准确度，但由于其采用未知节点横纵坐标单独回归建模的方法，减弱了输出与输入的映射关系，导致定位精度下降，同时未考虑网络环境对信号传输模型的影响。

衣晓等提出无线传感器网络环境自适应定位算法，该算法流程为：在每个定位周期中，首先锚节点向网络中广播一个定位信息（包括自身 ID 和位置信息），所有节点接收并记录通信范围内锚节点发送的信息，并记下相应的信号接收功率。每个锚节点根据接收到的其他锚节点的位置信息和相应的 RSSI 值，对数据进行预处理后用最小二乘法计算出属于以自身为中心的小网络的参数 A_i 和 n。然后各锚节点向网络中广播参数 A_i 和 n，未知节点接收此信息并记录对应的信号接收功率。最后未知节点根据接收到的当前环境下各个邻居锚节点的参数 A_i 和 n，计算出到各个邻居锚节点的距离 d_i，并采用加权质心算法得到估计未知节点的坐标为：

$$(x,y) = \left[\frac{\sum\limits_{i=1}^{k} \frac{x_i}{d_i}}{\sum\limits_{i=1}^{k} \frac{1}{d_i}}, \frac{\sum\limits_{i=1}^{k} \frac{y_i}{d_i}}{\sum\limits_{i=1}^{k} \frac{1}{d_i}} \right] \quad (x,y) = \left[\frac{\sum\limits_{i=1}^{k} \frac{x_i}{d_i}}{\sum\limits_{i=1}^{k} \frac{1}{d_i}}, \frac{\sum\limits_{i=1}^{k} \frac{y_i}{d_i}}{\sum\limits_{i=1}^{k} \frac{1}{d_i}} \right] \quad (4\text{-}3)$$

其中 (x_i, y_i) 为锚节点坐标，$i=1, 2, \cdots, k$。

该算法根据锚节点间距离和接收信号功率的关系在线计算出近似的环境测距参数，从而获得信号衰减模型进行测距，再结合加权质心算法实现定位，对环境变化具有较好的自适应性，但由于加权质心算法中权重的选取对定位精度有直接影响，如何充分利用 RSSI 值数据信息，获得最优的权重仍需要深入研究。

以上研究对推动无线传感器网络定位问题的研究和运用起到了重要的作用，但存在着忽视环境对 RSSI 值的影响、实施复杂度过大或未有效挖掘 RSSI 值数据的潜在信息等问题，且大多数研究中对算法的评估停留在仿真层面，无法验证算法的实际性能。针对这些问题，同时考虑温室环境与结构特点，本章提出一种基于遗传 BP 算法的温室无线传感器网络定位方法，首先各锚节点相互通信，通过高斯校正模型提高 RSSI 值可用性后，利用最小均方误差估计法确定路径损耗参数，并与各自节点 ID、位置、最短锚节点间距离及相应的 RSSI 值等网络参数一起发送至汇聚节点。然后将温室区域进行虚拟网格划分，应用遗传 BP 算法对网格顶点至锚节点的距离向量和网格顶点坐标之间的映射关系进行建模，构造定位模型。最后汇聚节点将未知节点与各锚节点通信的 RSSI 值转换为距离向量，输入建立的定位模型中，估算未知节点的坐标。

4.3 预备知识

4.3.1 无线信号传输模型

RSSI 测距的基本原理是根据发射节点的发射信号强度和接收节点收到的信号强度，计算出信号的传输损耗，然后利用理论和经验模型将传输损耗转化为距离信息，再利用已有的算法计算出节点的位置。无线信号传播路径损耗模型的选取合适与否对估算距离的准确性有很大的影响，而估算距离的精确度直接关系到最终的定位精度，选取无线信号传播路径损耗模型是 RSSI 定位算法实现的重要任务。

常用的无线信号传播路径损耗模型有三种：自由空间传播模型（free space propagation model），双线地面反射模型（two-ray ground reflection model）和对数距离路径损耗模型（log-distance path loss model）。

（1）自由空间传播模型。自由空间传播模型假定了一个理想的传播环境，在发送者和接收者之间只有一条无障碍的直线路径。在这种通道传播模式下，接收者所接收到的信号功率是和距离的平方成反比的。Friis 提出了用下面这个等式来计算在自由空间中，与发送者的距离为 d 的情况下，接收信号的功率 $P_r(d)$ 为

$$P_r(d) = \frac{P_t G_t G_r \lambda^2}{(4\pi)^2 d^2 L} \tag{4-4}$$

式中，P_t 为发送信号的功率；G_t 为发射天线增益；G_r 为接收天线增益；L 是与传播无关的系统损耗因子；λ 为波长。路径损耗，表示信号衰减，单位为 dB 的正值，定义为有效空间发射功率和接收功率之间的差值，则自由空间路径损耗为

$$PL(dB) = 10\log\frac{P_t}{P_r} = -10\log\left[\frac{G_t G_r \lambda^2}{(4\pi)^2 d^2}\right] \tag{4-5}$$

显而易见，公式不包括 $d = 0$ 的情况，为此可使用近地距离 d_0 作为接收功率的参考点。当 $d > d_0$ 时，接收功率 $P_r(d)$ 与 d_0 的 P_r 相关，$P_r(d_0)$ 可由式（4-4）预测或由测量的平均值得到。当距离大于 d_0 时，自由空间接收信号的功率 $P_r(d)$ 为

$$P_r(d) = \frac{P_t G_t G_r \lambda^2}{(4\pi)^2 d^2 L} = \frac{P_t G_t G_r \lambda^2}{(4\pi)^2 d_0{}^2 L} \cdot \left(\frac{d_0}{d}\right)^2 = P_r(d_0) \cdot \left(\frac{d_0}{d}\right)^2 \tag{4-6}$$

（2）双线地面反射模型。发送者与接收者之间的信号传播中，单一的直线路径不是信号传播的唯一方式。自由空间传播模型只考虑了信号在发送者和接收者之间的直线传输，并没有考虑信号会碰到障碍物出现反射的情况，这使得它在实际的应用中存在很大的局限性。双线地面反射模型中，既考虑到了直线传播路径又考虑到了地面的反射路径。在长距离的情况下，该模型可做出比自由空间传播模型更加精确的预测。当距离为 d 时，接收信号的功率近似为

$$P_r(d) = \frac{P_t G_t G_r h_t^2 h_r^2}{d^4 L} \tag{4-7}$$

式中，P_t 为发送信号的功率；G_t 为发射天线增益；G_r 为接收天线增益；L 是与传播无关的系统损耗因子，h_t 和 h_r 分别为发送和接收天线的高度。双线地面反射模型的路径损耗表示为

$$PL(dB) = 40\log d + 10\log L - (10\log G_t + 10\log G_r + 20\log h_t + 20\log h_r)$$

$$\tag{4-8}$$

当距离增加时，双线地面反射模型要比自由空间传播模型的能量消耗快，然而双线地面反射模型在处理短距离时，由于创建和销毁两条线的组合时会造成抖动而使得效果较差，所以当距离较小时仍然使用自由空间传播模型。

（3）对数距离路径损耗模型。自由空间传播模型和双线地面反射模型都通过传播距离的确定性函数来预测接收信号的功率。这两个模型都把通信范围描述为理想的圆，但由于受多路径损耗的影响，实际上在某个距离上接收到的信号功率为随机值，针对这种情况，对数距离路径损耗模型将理想的圆形模型扩展为更合适的统计模型，发送者与接收者以某个概率在信号有效范围内进行通信。

对数距离路径损耗模型由两部分组成，第一个是 pass loss 模型，该模型能够预测当距离为 d 时接收信号的平均功率，表示为 $\overline{P_r(d)}$，使用接近中心的距离 d_0 作为参考，$P_r(d_0)$ 是在参考距离为 d_0 处的接收功率，可测量获得或已知。$\overline{P_r(d)}$ 相对于 $P_r(d_0)$ 的计算如下：

$$\frac{P_r(d_0)}{\overline{P_r(d)}} = \left(\frac{d}{d_0}\right)^{\beta} \tag{4-9}$$

式中，β 为路径损耗指数（pass loss 指数），通常由实际测量得来的经验值，反映路径损耗随距离增长的速率。β 主要取决于无线信号传播的环境，即在空气中的衰减、反射、多径效应等复杂干扰。pass loss 模型通常以 dB 作为计量单位，则由式（4-10）可以得到：

$$\left[\frac{\overline{P_r(d)}}{P_r(d_0)}\right]_{dB} = -10\beta\log\left(\frac{d}{d_0}\right) \tag{4-10}$$

在发送者与接收者距离一定的情况下，不同的环境以及同一环境中的不同位置对接收信号的功率影响很大。对数距离路径损耗模型的第二部分引入满足高斯分布的随机变量 X_{dB}，反映了当距离一定时，接收功率的变化。完整的对数距离路径损耗模型如下：

$$\frac{\overline{P_r(d)}}{P_r(d_0)}_{dB} = -10b\log\frac{d}{d_0} + X_{dB} \tag{4-11}$$

对数距离路径损耗模型对理想环境模型进行了扩展，变成一个具有统计学的模型。本章采用的简化的对数距离路径损耗模型，其主要是忽略对数距离路径损耗模型的第二部分，以 dBm 作为计量单位，则上式可以转换为

$$\left[\overline{P_r(d)}\right]_{dBm} = \left[P_r(d_0)\right]_{dBm} - 10\beta\log\left(\frac{d}{d_0}\right) \tag{4-12}$$

根据式(4-12)可得测距时获得的信号强度为：

$$\left[RSSI\right]_{dBm} = \left[P_t\right]_{dBm} + \left[G\right]_{dBi} - \left[P_L(d)\right]_{dB} = \left[P_r(d)\right]_{dBm} \tag{4-13}$$

式中，P_t 为发送信号的功率；G 为天线增益；$PL(d)$ 为传输距离为 d 时的路径损耗。

对于式(4-12)，若取 $d_0 = 1m$，将 $P_r(1)$ 记为符号 A，则得到公式：

$$\left[\overline{P_r(d)}\right]_{dBm} = A - 10\beta\log(d) \tag{4-14}$$

从上式可以看出，参数 A 与 β 决定了接收信号的功率(RSSI)和传输距离之间的关系。当 β 不变，A 变化时，则有如图4-2(a)所示的关系曲线图，图为路径损耗指数 $\beta = 3$ 时，在不同的 A 下 RSSI 与传播距离之间的关系。可以看出，在与发送者比较近的时候信号衰减趋势相当剧烈，相反，随着距离的增加，衰减速度逐渐变缓，到达一定距离之后呈线性衰减。当 A 不变，β 变化时，RSSI 与传播距离的关系如图4-2(b)所示。当 β 越小时，表明无线信号所在环境干扰较小，传播过程中损耗就越少，信号衰减相对较小，信号可以传播越远的距离。

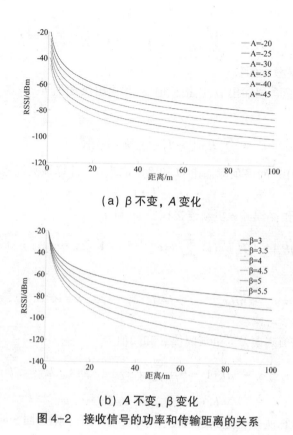

（a）β 不变，A 变化

（b）A 不变，β 变化

图 4-2　接收信号的功率和传输距离的关系

4.3.2　BP 网络学习算法

BP 网络算法的学习过程由信息的正向传播和误差的反向传播组成。在正向传播过程中，输入信息从输入层经隐含层逐层处理，并传向输出层。每一层神经元的状态只影响下一层神经元的状态。如果输出层得不到期望的输出，则转入反向传播，逐层递归地计算实际输入与期望输入的差（即误差），将误差信号沿原来的连接通道返回，通过修改各层神经元的权值，使得误差信号最小。BP 网络算法建立在梯度下降法的基础上，其学习过程包括以下步骤：

Step1：根据 BP 网络的输入向量 $X = (x_1, x_2, \cdots, x_n)$ 与输出向量 $Y = (y_1, y_2, \cdots, y_m)$，确定网络输入层节点数 n、隐含层节点数 l、输出层节点数 m，初始化输入层、隐含层、输出层神经元之间的连接权值 w_{ij} 和 w_{jk}，初始化隐含层阈值 a、输出层阈值 b，设定学习速率和神经元激励函数。

Step2：由输入向量 X、输入层和隐含层间的连接权值 w_{ij} 和隐含层阈值 a，计算隐含层的输出 H。

$$H_j = f\left(\sum_{i=1}^{n} w_{ij}x_i - a_j\right) \quad j=1, 2, \cdots, l \tag{4-15}$$

式中，f 为隐含层激励函数。

Step3：根据隐含层输出 H、连接权值 w_{jk} 和输出层阈值 b，计算 BP 网络预测输出 O。

$$O_k = \sum_{j=1}^{l} H_j w_{jk} - b_k \quad k=1, 2, \cdots, m \tag{4-16}$$

Step4：比较 BP 网络预测输出 O 和输出向量 Y，计算预测误差 e。

$$e_k = Y_k - O_k \quad k=1, 2, \cdots, m \tag{4-17}$$

Step5：根据预测误差 e 更新连接权值 w_{ij} 和 w_{jk}。

$$w_{ij} = w_{ij} + \eta H_j(1 - H_j) x(i) \sum_{k=1}^{m} w_{jk}e_k \quad i=1, 2, \cdots, n; j=1, 2, \cdots, l \tag{4-18}$$

$$w_{jk} = w_{jk} + \eta H_j e_k \quad j=1, 2, \cdots, l; k=1, 2, \cdots, m \tag{4-19}$$

式中，η 为学习速率。

Step6：根据预测误差 e 更新阈值 a 和阈值 b。

$$a_j = a_j + \eta H_j(1 - H_j) \sum_{k=1}^{m} w_{jk}e_k \quad j=1, 2, \cdots, l \tag{4-20}$$

$$b_k = b_k + e_k \quad k=1, 2, \cdots, m \tag{4-21}$$

Step7：判断算法是否达到迭代终止条件，若没有，则返回 Step2。

4.3.3 遗传算法

遗传算法(genetic algorithm, GA)是以达尔文自然进化论"物竞天择，适者生存"理论为基础发展而来的，最先由美国 Michigan 大学的 Holland 教授受到生物模拟技术的启发，创造出的一种基于生物遗传和进化机制的自适应概率优化技术。遗传算法是一种高度并行、随机和自适应的优化算法，它将问题的求解表示成"染色体"的适者生存过程，通过"染色体"群的一代代不断进化，包括复制、交叉和变异等操作，最终收敛到"最适应环境"的个体，从而得到问题的最优解或者满意解。

应用遗传算法解决问题时，需要对以下五个要素进行设计：

（1）遗传编码。当用遗传算法求解问题时，需要在目标问题实际表示与遗传算法的染色体位串结构之间建立联系，即确定编码和解码运算。由于遗传算法计算过程的鲁棒性，它对编码的要求并不苛刻。但是编码的策略或方法对于遗传算子，尤其是对交叉和变异算子的功能和设计有很大影响。一般来说，问题编码应满足以下三个原则：

1）完备性：问题空间中的所有点（可行解）都能成为 GA 编码空间中的点（染色体位串）的表现型。

2）健全性：GA 编码空间中的染色体位串必须对应问题空间中的某一潜在解。

3）非冗余性：染色体和潜在解必须一一对应。

目前常用的编码方式有二进制编码方法、浮点数编码方法以及符号编码方法等。

（2）初始群体的设定。群体规模越大，群体中个体的多样性越高，算法陷入局部解的危险就越小。但是随着群体规模的增大，计算量也显著增加。若群体规模太小，使遗传算法的搜索空间受到限制，则可能产生未成熟收敛的现象。初始群体中的个体一般是随机产生的，可以通过在问题解空间均匀采样，随机生成一定数目的个体，然后从中挑出较好的个体构成初始群体。

（3）适应度函数的设计。一般来说，好的染色体位串结构具有比较高的适应函数值，即可获得较高的评价，具有较强的生存能力。为了能够直接将适应度函数与群体中的个体优劣度相联系，在遗传算法中适应值规定为非负，并且在任何情况下总是希望越大越好。适应度函数设计应满足以下几个条件：

1）单指、连续、非负、最大化。

2）合理性、一致性，要求适应度值反映对应解的优劣程度。

3）计算量小，适应度函数设计应尽可能简单，减少算法的空间复杂度和时间复杂度，降低计算成本。

4）通用性强，适应度对某类具体问题，应尽可能通用，最好无需使用者改变适应度函数中的参数。

（4）遗传操作的设计。标准遗传算法的操作算子一般都包括选择、交叉和变异三种基本形式。遗传算法利用遗传算子产生新一代群体来实现群体进化。遗传算子的设计是调整和控制进化过程的基本工具。

1）选择即从当前的群体中选择适应值高的个体以生成交配池的过程。主要有适应值比例选择、Boltzmann 选择、排序选择及联赛选择等形式。

2）交叉操作时进化算法中遗传算法具备的原始性的独有特征。GA 的交叉算子是模仿自然界有性繁殖的基因重组过程，其作用在于将原有的优良基因遗传给下一代个体，并生成包含更复杂基因结构的新个体。对于二进制码一般有一点交叉、两点交叉、多点交叉以及一致交叉等形式；对于实数编码一般有离散重组、中间重组以及线性重组等形式。

3）变异操作模拟自然界生物体进化中染色体上某位基因发生的突变现象，

从而改变染色体的结构和物理性状。在遗传算法中，变异算子通过按照变异概率随机改变某位等位基因的值来实现。

(5)控制参数的设定。在遗传算法的运行过程中，存在着一组对其性能产生重大影响的参数，如位串长度、群体规模、交叉概率以及变异概率等，这组参数在初始阶段或群体进化过程中需要合理的选择与控制。对参数的选取，可以采用静态的方式，不过这种方法需要反复试验，根据实验结果反复调整参数，直至最佳;另一种方法是采用自适应遗传算法，即将算法中的交叉概率和变异概率等参数进行动态的调整。

4.4 基于遗传 BP 算法的温室 WSN 定位方法

4.4.1 高斯校正模型

采用发射端的功率为 3dBm，天线增益为 5dBi，天线高度为 0.1m。测定时间隔 1m 选取距离点，在各距离点上分别测量 50 次接收端的 RSSI 值，并以最大值、50%中位数、最小值进行处理，得到 RSSI 值的变化曲线如图 4-3 所示。图 4-3 表明在实际环境中 RSSI 信号易受到不稳定因素的干扰，接收同一位置发射端的一组 RSSI 值时，其中存在着小概率事件及随机波动，且影响随距离的增加而增大。

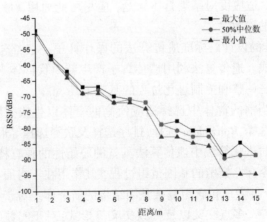

图 4-3 RSSI 值的变化曲线

使用高斯模型对 RSSI 值进行校正处理，设测量的 RSSI 值在一个稳定值附近变动 $p_0 = p + x_0$，x_0 为随机误差，p_0 服从高斯分布，即 $p_0 - N(m, \sigma^2)$，密度函数为

$$F(x) = \frac{1}{\sigma\sqrt{2\pi}}e^{-\frac{(x-m)^2}{2\sigma^2}} \tag{4-22}$$

式中，$m = \dfrac{1}{n}\displaystyle\sum_{i=1}^{n} x_i$，$\sigma^2 = \dfrac{1}{n-1}\displaystyle\sum_{i=1}^{n}(x_i - m)^2$，$x_i$ 为第 i 个 RSSI 值，n 为测量总数。

高斯校正模型的基本方法是接收端在同一位置收到多个 RSSI 值，通过高斯模型选取高概率发生区的 RSSI 值，然后再取其均值作为处理结果。高斯校正模型能够有效减少一些小概率事件对整体测量的影响，增强了定位信息的准确性。根据实际情况，选取 0.6 为边界值，即当高斯密度函数值大于或等于 0.6 时，认为对应的 RSSI 值为高概率发生值；当高斯密度函数值小于 0.6 时，认为对应的 RSSI 值是小概率随机事件。高斯校正模型的算法流程见表 4-1。

表 4-1　高斯校正模型的算法流程

算法输入：n 维 RSSI 值 X，$X = \{x_i \mid i = 1, 2, \cdots, n\}$，边界值 μ
算法输出：校正后的 RSSI 值 X_{gauss}
算法步骤：
（1）计算 $m = \dfrac{x_1 + x_2 + \cdots + x_n}{n}$
（2）计算 $\sigma^2 = \dfrac{1}{n-1}\displaystyle\sum_{i=1}^{n}(x_i - m)^2$
（3）对于 X 中所有元素，如果 $\mu \leqslant \dfrac{1}{\sigma\sqrt{2\pi}}e^{-\frac{(x_i-m)^2}{2\sigma^2}} \leqslant 1$，则保存至数组 X'
（4）计算数组 X' 的平均值作为 X_{gauss}

4.4.2　最小均方误差估计

路径损耗指数 β 用于描述无线信号在空间中传播时能量随距离变化的损失程度，是反映定位区域内信号传输特性的重要参数，与网络所处的环境密切相

关，其准确性直接影响定位精度。如图 4-4 所示为在室外空旷、室外有人走动、室内中央、室内墙角四个不同环境下测得的距离分别为 1m、2m、3m、4m、5m 时的 RSSI 值，对应的发射端功率为 3dBm，天线增益为 5dBi，天线高度为 0.2m，从图 4-4 中可以看出，距离相同时，不同环境下接收的 RSSI 值是有差别的，表明路径损耗指数随着环境的改变而变化。

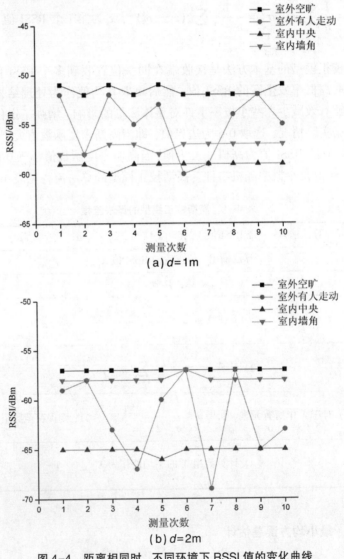

图 4-4　距离相同时，不同环境下 RSSI 值的变化曲线

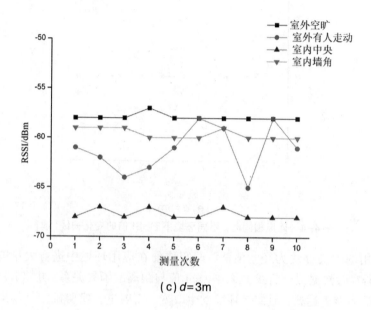

(c) $d=3$m

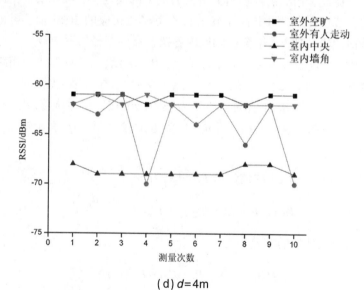

(d) $d=4$m

图 4-4　距离相同时，不同环境下 RSSI 值的变化曲线(续)

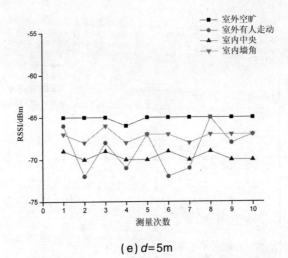

(e) $d=5\text{m}$

图4-4　距离相同时，不同环境下 RSSI 值的变化曲线(续)

常用的解决办法为经验值法，即定位前在应用环境中进行大量的实验测量，根据实验数据拟合曲线，得出 RSSI 值与距离的函数关系，并将其固定作为该环境的模型表达式，但如果环境发生改变，需要重新实验确定环境对应的参数。为了避免经验值法需要耗费大量人力成本的问题，本章利用定位区域内位置已知的锚节点，分别测出各锚节点间的距离和相应的 RSSI 值，再根据最小均方误差估计法，拟合网络覆盖区域内各锚节点的路径损耗指数。

具体步骤：设定位区域有 n 个锚节点，$Pi_r(d_j)$ 表示与锚节点 i 相距 d_j 处锚节点的 RSSI 值($i=1, 2, \cdots, n; j=1, 2, \cdots, n-1$)，如有多个锚节点至锚节点 i 的距离相等，则将其 RSSI 值的均值作为该距离的接收信号强度；$d_{j\min}$ 表示锚节点 i 对应的最短锚节点间距离，将 $d_{j\min}$ 作为近地参考距离；β_i 表示锚节点 i 的路径损耗指数。

由式(4-12)得 RSSI 的估计值 $Pi_r\overset{\wedge}{(d_j)}$ 为

$$Pi_r\overset{\wedge}{(d_j)} = Pi_r(d_{j\min}) - 10\beta_i \log_{10}\left(\frac{d_j}{d_{j\min}}\right) \tag{4-23}$$

测量值与估计值的方差和为

$$J(\beta_i) = \sum_{j=1}^{k} \left[Pi_r(d_j) - Pi_r\overset{\wedge}{(d_j)} \right]^2 \tag{4-24}$$

式中，k 为锚节点 i 与其余锚节点间不等距离的个数。令上式的微分为 0(即使均方差极小化)，可求出锚节点 i 的路径损耗指数 β_i。循环上述步骤，即可求得所有锚节点对应的模型参数 β。

例如，定位区域中与锚节点 i 相距 10m、20m、30m、100m 处的锚节点分别测得 RSSI 值。测量值由表 4-2 给出。

表 4-2 距锚节点 i 的距离与 RSSI 值

距锚节点 i 的距离/m	RSSI 值/ dBm
10	−20
20	−35
30	−45
100	−70

使用最小均方误差估计法求解，d_{jmin} 为 10m，同时 $Pi_r(d_{jmin})$ 等于 −20dBm，则计算均方差和 $J(\beta_i)$ 为

$$J(\beta_i) = (0)^2 + \left[-35 - \left(-20 - 10\beta_i \log_{10} \frac{20}{10} \right) \right]^2 +$$

$$\left[-45 - \left(-20 - 10\beta_i \log_{10} \frac{30}{10} \right) \right]^2 +$$

$$\left[-70 - \left(-20 - 10\beta_i \log_{10} \frac{100}{10} \right) \right]^2$$

$$= 3350 + 131.8225\beta_i^2 - 1328.85\beta_i \qquad (4-25)$$

$$\frac{d(J(\beta_i))}{d\beta_i} = 263.645\beta_i - 1328.85 \qquad (4-26)$$

置上式为 0，得 $\beta_i = 5.04$。

4.4.3 定位方法

1.定位网络模型

图 4-5 为定位模型原理图，一组无线传感器节点 $S = \{ S_i | i = 1, 2, \cdots, M \}$ 部署在二维矩形温室区域（$a×b$）内，各节点为同构节点，具有相同的计算能力和通信半径 R（R 大于区域的对角线 L）。以左上角顶点为坐标原点建立坐标系，前 n 个节点 $S_1(x_1, y_1)$、$S_2(x_2, y_2)$、$\cdots$、$S_n(x_n, y_n)$ 预先获取自身位置，作为锚节点，节点 $S_i(x_i, y_i)$（$n<i≤M$）需要通过锚节点和定位技术来确定位置，作为未知节点，其中 S_1 为坐标系原点。考虑最大程度减小对温室生产的影响，同时保证无线信号具有良好的视距传播信道，锚节点沿温室区域的上下边界呈等距线性布置。

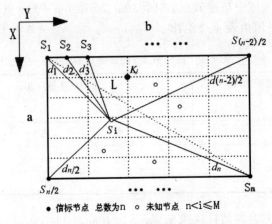

图 4-5　定位模型原理图

基于遗传 BP 算法的温室无线传感器网络定位方法采用集中式定位方式，在整个网络中选取一个锚节点作为汇聚节点，汇聚节点轮询收集其他节点的 RSSI 数据，并执行定位算法估计未知节点坐标。汇聚节点将温室区域以 $\dfrac{a}{N} \times \dfrac{b}{N}$，$N \in Z^+$ 的虚拟网格进行划分，除区域边界外的网格顶点记为 $K_j [j = 1, 2, \cdots, (N-1)^2]$。

设各锚节点与某未知节点之间的实际距离为 $d_i (1 \leqslant i \leqslant n)$，则 d_i 可以组成距离向量 $T = [d_1, d_2, \cdots, d_n]$。利用反证法可以证明，当未知节点处于温室区域内不同位置时，相应的距离向量 T 也不同，因而未知节点坐标与距离向量 T 之间存在一对一的非线性映射关系。具体过程如下：

假设温室区域内存在不同位置的两个未知节点 $S_i (x_i, y_i)$、$S_i' (x_i', y_i')$ 对应相同的距离向量 T，则有

$$\left.\begin{array}{l} (x_1 - x_i)^2 + (y_1 - y_i)^2 = (x_1 - x_i')^2 + (y_1 - y_i')^2 \\ (x_2 - x_i)^2 + (y_2 - y_i)^2 = (x_2 - x_i')^2 + (y_2 - y_i')^2 \\ \cdots \\ (x_n - x_i)^2 + (y_n - y_i)^2 = (x_n - x_i')^2 + (y_n - y_i')^2 \end{array}\right\} \quad (4\text{-}27)$$

从第一个方程开始分别减去最后一个方程，得

$$
\left.
\begin{array}{c}
(x_1 - x_n)(x_i - x_i{}') = (y_1 - y_n)(y_i{}' - y_i) \\
(x_2 - x_n)(x_i - x_i{}') = (y_2 - y_n)(y_i{}' - y_i) \\
\cdots \\
(x_{n-1} - x_n)(x_i - x_i{}') = (y_{n-1} - y_n)(y_i{}' - y_i)
\end{array}
\right\}
\qquad (4-28)
$$

设 $\psi = (x_i - x_i{}')/(y_i - y_i{}')$ 则可以得到 $\psi(x_i - x_n) = (y_i - y_n)$，$1 \leqslant i \leqslant n$，即所有的锚节点在同一直线上，假设所得到的推论与定位网络模型相矛盾，因此不同位置的两个未知节点 $S_i(x_i, y_i)$、$S_i{}'(x_i{}', y_i{}')$ 必然对应不同的距离向量 T。

实际定位时，锚节点作为发射端，未知节点作为接收端，未知节点根据 RSSI 测量值和无线信号传输模型可计算相应的距离向量 $T' = [d_1{}', d_2{}', \cdots, d_n{}']$，利用距离向量与未知节点坐标间的非线性映射关系可以实现目标定位。

2.定位建模算法

BP 网络是一种按误差逆传播算法训练的多层前馈网络，适合用于建立距离向量与未知节点坐标间的非线性关系，但存在易陷入局部最小、收敛速度慢、泛化能力差等问题。遗传算法是一种模仿自然界生物进化原理提出的自适应启发式全局搜索算法，将遗传算法与 BP 网络相结合，能在发挥 BP 网络非线性映射能力的同时，加快网络的收敛速度，增强其学习能力。

(1)编码及群体初始化。采用实数编码方案，每个连接权值用一个实数表示，串长 $L = m \times p + p + p \times n + n$（其中 m 为输入节点数，p 为隐含层节点数，n 为输出节点个数）。编码按一定的顺序联成一个长串，每个串对应一组网络连接权值，网络权值的一种分布用一个个体来表达。设初始群体由 C 个个体组成，对其实行单一化处理，不允许群体中有相同个体出现。

(2)适应度函数的确定。设输入节点为 m、输出节点为 n、隐含层节点为 p 的三层 BP 网络结构，激活函数采用 $Sigmoid$ 函数 $f(x) = \dfrac{1}{1 + e^{-x}}$，则网络输入与输出关系如下：

隐含层单元 j 的输出为：

$$
H_j = f\left[\sum_{i=1}^{m} w_{ij} x_i - a_j \right] \qquad j = 1, 2, \cdots, p \qquad (4-29)
$$

式中，w_{ij} 为输入层到隐含层的权值；x_i 为某一模式下输入层单元的输出；a_j 为隐含层单元的阈值。

输出层单元 k 的实际输出为

$$
\hat{y}_k = \sum_{j=1}^{p} H_j v_{jk} - b_k \qquad k = 1, 2, \cdots, n \qquad (4-30)
$$

式中，v_{jk} 为隐含层到输出层的权值；b_k 为输出层单元 k 的阈值。

目标函数采用网络误差的绝对值和,即在进化过程中搜索使网络误差最小的权值和阈值。

$$minE(w,v,a,b) = \sum_{r=1}^{N_0} \sum_{i=1}^{n} abs(y_{ri} - \acute{y}_{ri}) \tag{4-31}$$

式中,y_{ri}为第r个训练样本的第i个输出节点的期望输出;$\acute{y}_{ri}$为第r个训练样本的第i个输出节点的预测输出,N_0为训练样本总数。遗传算法在进化过程中以目标函数的最大值为进化目标,因此适应度函数采用目标函数的倒数。

(3)遗传操作。由权重系数编码得到网络的连接权值,输入训练样本,计算每个个体的适应度,保留适应度最大的个体,不参加交叉和变异运算,直接遗传给下一代。交叉和变异采用基本遗传算法中的方法,由于权重系数采用实数编码,以交叉概率p_c对第h个个体和第l个个体在j位进行交叉的方法如下:

$$\left.\begin{array}{l} X'_{hj} = X_{hj}(1-\lambda) + X_{lj}\lambda \\ X'_{lj} = X_{lj}(1-\lambda) + X_{hj}\lambda \end{array}\right\} \tag{4-32}$$

式中,X是交叉前的个体;X'是交叉后的个体;λ是$[0,1]$间的随机数。

以变异概率p_m对交叉后的第i个个体的第j个基因进行变异操作,即

$$X_{ij} = \begin{cases} X_{ij} + (X_{ij} - X_{max})f(g) &,\alpha \geq 0.5 \\ X_{ij} + (X_{min} - X_{ij})f(g) &,\alpha < 0.5 \end{cases} \tag{4-33}$$

式中,X_{max}、X_{min}分别为个体X_{ij}取值的上下界,α为$[0,1]$间的随机数。

$$f(g) = \acute{\alpha}(1 - g/G_{max}) \tag{4-34}$$

式中,$\acute{\alpha}$为一个随机数;g为当前迭代次数;G_{max}为最大进化代数。

(4)重复或终止。反复进行(2)、(3)操作,群体一代代进化,直至第K代,选择适应度最高的个体。

(5)将遗传算法得到的最优个体解码为BP网络的连接权值和阈值,以此作为BP网络预测模型的初始权值和阈值,BP网络预测模型经训练后,输出未知节点坐标预测的最优解。

3.定位方法

基于遗传BP算法的温室无线传感器网络定位方法主要包括路径损耗指数确定、定位模型训练、未知节点定位3个阶段。

(1)路径损耗指数确定。当网络部署完成后,各锚节点全网广播包含节点ID、位置的数据包,而每个锚节点$S_i(i=1,2,\cdots,n)$建立数据链表,用来存储其他锚节点的节点ID、位置、RSSI值,直至各数据链表中同一节点ID对应的元素数量均达到预设值P时,所有锚节点停止广播。然后各锚节点对记录的其他锚节点RSSI值进行高斯模型校正,并更新链表,将校正值作为相应的RSSI值,

此时每一数据链表的元素数量为 $n-1$。根据链表数据，各锚节点利用最小均方误差估计法估算自身的路径损耗指数 β，最后将包括自身节点 ID、位置、路径损耗参数 β、最短锚节点间距离及相应 RSSI 值的数据包发送至汇聚节点。

（2）定位模型训练。利用除区域边界外的网格顶点 K_j $[j=1, 2, \cdots, (N-1)^2]$ 到锚节点 S_i（$i=1, 2, \cdots, n$）的距离向量 T_j，与 K_j 点的坐标 (x_j, y_j) 构造训练集，用于定位建模算法的学习。汇聚节点保存遗传 BP 网络输出误差绝对值和 E 最小的权值和阈值。可以看出，通过减小网格面积来增大训练样本数量和提高样本分布的均衡性，有助于定位模型更为准确地描述距离向量与坐标间的非线性映射关系，改善未知节点定位精度，但训练样本数量的增加同时也会导致定位建模计算复杂度提高，使用时应选择合理的网格大小。

（3）未知节点定位。首先，汇聚节点收集未知节点 S_i（$n<i\le M$）与各锚节点通信的一组 RSSI 值，按序组成一个 n 维向量 $R_i=[r_{i1}, r_{i2}, \cdots, r_{in}]$。当 R_i 的个数达到预设值 P 时，汇聚节点对其各维进行高斯模型校正，然后将校正值作为未知节点与相应锚节点间的 RSSI 值。然后，汇聚节点利用校正后的向量 R_i 与第（1）阶段各锚节点上传的数据包，通过简化的对数距离路径损耗模型，将向量 R_i 转换为距离向量 $T_i=[d_{i1}, d_{i2}, \cdots, d_{in}]$。最后，汇聚节点将距离向量 T_i 输入第（2）阶段得到的定位模型中，模型的输出值 $(\hat{x_i}, \hat{y_i})$ 为未知节点 S_i 的定位结果。

4.5　试验与分析

为验证所提出基于遗传 BP 算法的温室无线传感器网络定位方法的性能，进行了实际无线传感器节点试验。锚节点与未知节点采用基于 Freescale 公司 MC13213 芯片开发的无线通信模块，其工作峰值电流 50mA，发射功率 3dbm，接收灵敏度-95dbm，最大视距传输距离 200m。试验温室大小为 20m×50m，6 个锚节点沿温室的上下边界等距布置，1 个未知节点分别放置在 5 个测试位置进行性能评估。试验场景如图 4-6 所示，图中圆形代表锚节点，方块代表未知节点进行定位测试的位置，其中锚节点 1 作为坐标系原点，锚节点 6 作为网络的汇聚节点。锚节点和未知节点安装增益为 5dBi 的胶棒天线，天线高度 0.7m；通信设置为波特率 9600bps，8 位数据位，无奇偶效验位，1 位停止位。在路径损耗指数确定阶段，网络中不加入未知节点，锚节点每隔 0.5s 广播包含自身

ID、位置的数据包;在未知节点定位阶段,未知节点每隔3s工作一次,接收锚节点的定位信息,并向汇聚节点上报数据。

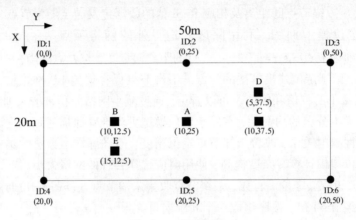

图4-6 试验场景

首先,为了测算各锚节点的无线信号在温室空间中传播时能量随距离变化的损失程度,当网络部署完成后,锚节点之间相互通信,给定预设值 $P=50$,通过高斯校正模型降低小概率事件的影响,提高RSSI值的可用性,然后应用最小均方误差估计法确定各自的路径损耗参数 β。完成测算后,各锚节点将包含自身节点ID、位置、路径损耗参数 β、最短锚节点间距离及相应RSSI值等参数的数据包,发送至汇聚节点。表4-3为试验时各锚节点上传数据包的内容。

表4-3 各锚节点上传数据包的内容

锚节点ID	位置	路径损耗参数 β	最短锚节点间距离/m	相应RSSI值/dBm
1	(0, 0)	4.9646	20	-44.4000
2	(0, 25)	6.5166	20	-43.7619
3	(0, 50)	6.4404	20	-45.6000
4	(20, 0)	4.6932	20	-44.7143
5	(20, 25)	6.0888	20	-45.0909
6	(20, 50)	4.5747	20	-44.3750

从表4-3中可以看出,路径损耗参数 β 的最大值为6.5166,最小值为4.5747,均值为5.5464,均方差0.8995;相应RSSI值的最大值为-43.7619dBm,最小值为45.6000 dBm,均值为-44.6570 dBm,均方差为0.6368 dBm。

其次,汇聚节点将试验温室进行虚拟网格划分,为分析网格划分大小对该温室定位精度的影响，同时保证遗传 BP 算法足够的训练样本数，X 轴方向与 Y 轴方向的等分数 N 分别取 10、20、40，则对应网格的大小分别为 2m×5m、1m× 2.5m、0.5m×1.25m。计算不同网格划分后除区域边界外的网格顶点 K_j 到 6 个锚节点的距离向量 T_j 作为网络输入，K_j 的坐标作为期望输出，距离向量 T_j 与 K_j 的坐标一起构造训练集。定位建模算法的设定：遗传算法的种群规模 $C = 20$，进化次数为 $K = 40$，权重初始化空间取值范围 $[0，1]$，交叉概率 $p_c = 0.4$，变异概率 $p_m = 0.2$；BP 网络结构为输入节点 $m = 6$、输出节点 $n = 2$、隐含层节点为 $p = 10$，BP 网络的学习率 $l_r = 0.1$，训练误差目标为 0.001。定位模型训练完成后，保存 3 种网格划分对应的网络参数。5 个测试位置距各锚节点的实际距离向量如见 4-4。

表 4-4　测试位置的实际距离向量

测试位置	坐标	d_1/m	d_2/m	d_3/m	d_4/m	d_5/m	d_6/m
A	(10, 25)	26.9258	10.0000	26.9258	26.9258	10.0000	26.9258
B	(10, 12.5)	16.0078	16.0078	38.8104	16.0078	16.0078	38.8104
C	(10, 37.5)	38.8104	16.0078	16.0078	38.8104	16.0078	16.0078
D	(5, 37.5)	37.8319	13.4629	13.4629	40.3887	19.5256	19.5256
E	(15, 12.5)	19.5256	19.5256	40.3887	13.4629	13.4629	37.8319

将表 4-4 中的数据作为测试集，检验不同定位模型的学习效果，表 4-5 为 3 种模型输出 5 个测试位置的定位结果。

表 4-5　3 种模型的定位结果

模型	A	B	C	D	E
1	(10.0582, 24.9016)	(10.1218, 12.5847)	(9.8475, 36.9397)	(4.7722, 36.9442)	(15.0331, 12.6020)
2	(9.9360, 25.0480)	(9.8820, 12.4842)	(10.1917, 37.3229)	(5.0372, 37.3956)	(14.8576, 12.4790)
3	(9.9177, 24.9878)	(9.8989, 12.5709)	(9.8318, 37.5613)	(4.9265, 37.6613)	(14.8171, 12.6502)

根据 4-5 可得 3 种模型输出的定位结果与实际位置的误差分别为 0.8628m、0.3489m、0.3764m，其对应的定位建模的训练集样本数分别为 81、361、1521。综

合考虑精度与计算复杂度等因素，选择模型 2 用于未知节点的定位。

然后，汇聚节点分别收集未知节点处于 A、B、C、D、E 位置时与各锚节点通信的一组 RSSI 值，按序组成一个 6 维向量 $R=[r_1, r_2, r_3, r_4, r_5, r_6]$，当各位置 R 的个数达到预设值 $P=50$ 时，汇聚节点对其各维进行高斯模型校正，将校正值作为该位置未知节点与相应锚节点间的 RSSI 值。汇聚节点利用各个位置校正后的向量 R 与表 4-3 中各锚节点上传的数据包，通过简化的对数距离路径损耗模型，将向量 R 转换为相应的距离向量 $T=[d_1, d_2, d_3, d_4, d_5, d_6]$。表 4-6 为未知节点处于 5 个测试位置时的距离向量。

表 4-6　未知节点的距离向量

测试位置	坐标	d_1/m	d_2/m	d_3/m	d_4/m	d_5/m	d_6/m
A	(10, 25)	28.4360	12.0830	24.2110	25.8513	12.3623	28.0409
B	(10, 12.5)	17.5480	18.6106	35.5769	17.5512	18.1024	39.4392
C	(10, 37.5)	41.5025	17.8076	18.9642	36.4220	18.4905	19.1504
D	(5, 37.5)	40.0952	16.9705	16.5188	38.4304	22.3090	23.0096
E	(15, 12.5)	21.8364	20.9091	37.6242	15.5423	16.1243	40.3734

最后，汇聚节点将 5 个测试位置的距离向量 T 分别输入模型 2 中，模型的输出值为未知节点的位置估计。表 4-7 为未知节点的定位结果。

表 4-7　未知节点的定位结果

测试位置	实际坐标	定位结果
A	(10, 25)	(8.9417, 22.4505)
B	(10, 12.5)	(8.6044, 10.9354)
C	(10, 37.5)	(12.6117, 37.2766)
D	(5, 37.5)	(7.7714, 36.6486)
E	(15, 12.5)	(12.1083, 11.0363)

由表 4-7 可以计算此次定位结果与 5 个测试位置实际坐标的误差分别为 2.7604m、2.0966m、2.6212m、2.8992m、3.2410m，定位误差均值为 2.7237m，而对表 4-6 中的距离向量采用最小二乘估计定位算法（ML）分析时，定位误差的波动范围为 [1.5317m, 5.2034m]，可见本定位方法具有更好的鲁棒性和抗噪能力。每隔 10min 测量 1 次，连续记录 10 次测试结果，计算定位误差，结果见表 4-8。

表 4-8　未知节点的定位误差

测试位置	定位误差/m									
	1	2	3	4	5	6	7	8	9	10
A	3.3147	2.5897	1.2186	3.4077	2.2233	3.9073	2.8495	1.3153	2.0845	1.7861
B	2.1142	1.0966	1.4475	2.3560	1.5803	3.4108	3.6107	2.4296	2.2656	3.1816
C	2.4018	1.7415	3.7786	2.4954	3.0552	1.6246	3.6752	1.2653	3.1998	1.9373
D	2.4927	2.2698	3.5090	3.0540	3.1685	2.1454	3.1626	2.0855	3.5535	1.7325
E	3.8386	3.4088	2.6333	3.2297	1.4784	3.4616	2.9891	3.0520	3.0262	3.0391

从表 4-8 中可以看出，定位误差的最大值为 3.9073m，最小值为 1.0966m，均值为 2.6139m，均方差为 0.7868m，定位误差≤2m 的比例达 24%，定位误差≤3.5m 的比例达 86%，试验中的相对定位误差低于 4.8%。

4.6　本章小结

本章提出一种基于遗传 BP 算法的温室无线传感器网络定位方法，将高斯模型用于 RSSI 值的校正，利用最小均方误差估计法确定各锚节点的路径损耗参数，在很大程度上弥补了无线信号传输模型在实际温室环境中受到各种因素的影响而造成的距离计算误差；应用遗传 BP 算法对温室内未知节点坐标与其至各锚节点的距离向量之间的非线性映射关系进行学习，建立定位模型。试验结果表明，该方法具有较高的稳定性和定位精度，超过 86% 的试验数据的定位误差小于 3.5m，可以满足实际温室环境的定位需求。

参考文献

[1] 朱剑，赵海，孙佩刚，等.基于 RSSI 均值的等边三角形定位算法[J].东北大学学报（自然科学版），2007，28(8)：1094-1097.

[2] 赵昭，陈小惠.无线传感器网络中基于 RSSI 的改进定位算法[J].传感技术学报，2009，22(3)：391-394.

[3] 李方敏，韩屏，罗婷.无线传感器网络中结合丢包率和 RSSI 的自适应区域定位算法[J].通信学报，2009，30(9)：15-23.

［4］刘桂雄, 张晓平, 周松斌. 基于最小二乘支持向量回归机的无线传感器网络目标定位法［J］. 光学精密工程, 2009, 17(7)：1766-1773.

［5］衣晓, 刘瑜, 邓露. 无线传感器网络环境自适应定位算法研究［J］. 计算机测量与控制, 2011, 19(4)：993-997.

［6］刘洞波, 刘国荣, 胡慧, 等. 基于激光测距的温室移动机器人全局定位方法［J］. 农业机械学报, 2010, 41(05)：158-163.

［7］王新, 许苗, 张京开, 等. 温室作业机具室内定位方法研究［J］. 农业机械学报, 2017, 48(01)：13,21-28.

［8］程森林, 李雷, 朱保卫, 等. WSN 定位中的 RSSI 概率质心计算方法［J］. 浙江大学学报(工学版), 2014, 48(01)：100-104,112.

［9］龚森, 冯友兵, 卞建秀. 基于移动锚节点的 WSN 节点定位方法［J］. 计算机科学, 2013, 40(S2)：37-40.

［10］屈巍. 基于 RSSI 的无线传感器网络节点定位技术. 东北大学学报(自然科学版), 2009, 30(5)：656-660.

［11］倪巍, 王宗欣. 基于接收信号强度测量的室内定位算法. 复旦学报(自然科学版), 2004, 43(1)：72-76.

第5章 基于交叉粒子群的农业无线传感器网络三维定位算法

5.1 引言

无线传感器网络(wireless sensor networks, WSNs)是由大量具有感知、计算和无线通信能力的传感器节点通过自组织方式构成的网络,能够根据环境自主完成感知、采集和处理网络覆盖区域中监测对象的信息,并发送给观察者。位置信息在农业无线传感器网络的监测活动中具有至关重要的作用,事件发生位置或获取信息节点位置是传感器节点监测消息中所必须包含的重要信息,没有位置信息的监测消息往往毫无意义,而受资源、成本和应用环境的限制,每个节点均配置 GPS 接收器或者人工部署并不现实,因此研究农业无线传感器网络定位方法十分重要。

节点定位技术是农业无线传感器网络应用中重要的支撑技术之一。所谓节点定位问题,就是利用已知位置的节点来获得其他节点的位置信息,即利用参考节点的位置信息建立坐标系,利用不同的方法确定待定节点在此坐标系中的位置信息。根据定位机制,一般将定位算法分为基于测距的(Range-based)定位和无需测距(Range-free)的定位。基于测距的定位通过测量节点间的距离或角度信息计算节点位置,常用的测距方法有 RSSI(received signal strength indicator)、TOA(time of arrival)、AOA(angle of arrival)、TDOA(time difference of arrival)等。而无需测距的定位则仅仅依靠网络连通性等信息进行定位,一般有质心算法、近似三角内点测试法、矢量跳矩、凸规划等。基于测距的定位算法与无需测距的定位算法相比,前者存在能耗较高、计算量和通信量较大等不足,但前者的定位精度一般比后者高;后者受环境因素影响小,然而定位误差偏大,且对锚节点的密度要求较高。在具体定位应用中,考虑成本因素,无法保证锚节点的高密度,比较适合采用测距的定位算法。TOA、AOA、TDOA 3 种方法对硬件有较高的要求，易受环境影响，而 RSSI 方法的测距由于无需增加额外的硬件设施，简单方便，现已广泛的应用于无线传感器网络定位中。目前，节点定位的研究主要集中在二维平面，而三维空间的环境因素更加复杂，求精问题的计算复杂度大大增加，很难将二维定位算法直接应用于三维空间，但在实际应用中，农业无线传感器网络大多部署在三维区域上，这就需要知道节点的空间位置，必须对节点进行三维定位。

近年来，研究者们利用遗传算法、最小二乘支持向量机算法、粒子群优化算法等智能算法来进行无线传感器网络节点定位技术的研究，其中粒子群优化算法(particle swarm optimization，PSO)具有定位精度高、参数少和实现简单等特点，因此，非常适合应用于农业无线传感器网络定位。由于粒子群优化算法进化后期存在收敛速度慢、易陷入局部极小点、早熟收敛等问题，使得该方法对定位效果提高有限。针对这些缺陷，本章提出一种基于交叉粒子群的农业无线传感器网络三维定位方法，在算法搜索过程中引入交叉因子，经交叉操作产生出新的种群，增加粒子的多样性，不但可以增强粒子的全局搜索能力，而且能够加快粒子群收敛速度，有效提高定位精度。

5.2　相关工作

从 20 世纪末到 21 世纪初，无线传感器网络长期以来都是专家、学者、科研人员关注的焦点，它包含了十分重要的技术：从无线通信技术到能量收集技术，从时间同步技术到节点定位技术等。由于其具有强大的功能，无线传感器网路的应用几乎涵盖了生产生活中的所有领域，包括在军事应用中，对人员、装备的监测和控制；在医疗应用中的求助系统；在环境应用中的灾难监测系统等。在监测事件发生后，需要确定地理位置才能使获得的监测数据有意义，所以对定位技术和算法的研究具有必然性。在基于不同研究的环境情况下，每个算法的侧重点也不相同。

崔鸿飞等针对三维传感网络中传统四面体质心算法定位精度不高且收敛慢的情况，提出了一种基于 i Beacon 的三维无线传感网络定位优化算法。在定位前通过样本采集、滤波和拟合，建立室内三维传感环境下的 i Beacon 传播模型。在定位过程中通过排除待测节点位于参考锚节点四面体外以及位于同一平面内的情况，利用优化的加权因子提升与待测节点较近的参考锚节点在定位过程中的作用。对满足四面体构成条件的情况采用四面体加权质心迭代求解，对不满足条件的参考锚节点组合采用优化的加权因子进行定位。仿真结果表明，该算法在提升定位精度和收敛速度方面相较传统四面体质心算法具有明显提升。

陈昌凯等针对目前无线传感器网络三维空间定位算法精度不高、稳定性差等问题，在基于局部保持典型相关分析 LPCCA 模型的基础上构造三维定位算法 3D-LE-LPCCA。首先，将 LPCCA 模型拓展到三维空间并建立信号空间和物理空间的映射模型，通过求解映射模型得到未知节点在物理空间上的临近节点集；其次，采用共面度阈值和体积比阈值的约束在临近节点集上计算出最佳定位单元；最后，采用最佳定位单元计算未知节点的坐标。仿真实验表明，该算法具有良好的定位效果，有效地提高了三维定位算法的精度和稳定性，降低了节点能耗。

王照宇等提出了传统的无线传感网（WSN）三维节点定位研究中，存在定位精度不足、收敛速度慢等问题，特别是当节点存在奇异矩阵时，传统三维节点定位算法的局限性尤为明显。文中针对三维节点定位存在奇异矩阵的情况，提出 LMWCA 算法。算法在加权质心定位算法的基础上，通过克服奇异矩阵，减小了锚节点自身定位的误差，然后通过修正节点间的权重系数，在一定程度上优化了三维节点的定位精度并提高了收敛速度。仿真结果表明，对比常规的 3DLM 算法和 3DLLSE 算法，LMWCA 算法在节点存在奇异矩阵的 3D 定位环境中，定位精度更高、收敛速度更快。

王浩针对无线传感器网络的定位问题，提出了一种基于信标点球壳交集的无线传感器网络三维定位算法。在该算法中，未知节点记录第一次和最后一次侦听到的移动锚节点广播的信标点，当未知节点记录到 4 个不共面的信标点后，以这 4 个信标点为球心做 4 个球壳，计算球壳交集区域中心的坐标作为未知节点的位置坐标。该算法综合考虑了在三维空间中移动锚节点信息发送间隔和无线信号不规则衰减的问题，并详细规划了移动锚节点的移动路径，避免了"定位空洞"的问题。通过仿真对比，本算法具有更高的定位精度和抗干扰的能力，当未知节点分布区域较大时本算法在定位时间方面的优势更加明显。

王振指出随着无线传感器网络应用的快速普及和发展，三维空间中的节点定位问题得到越来越多的关注。提出一种基于接收信号强度（RSS）和波达方向（DOA）融合的三维定位算法。结合接收信号强度和信号传输模型，可以得到参考节点到未知节点的距离估计。通过参考节点天线阵列的波达方向信息，可以得到参考节点到未知节点的角度估计。融合接收信号强度和波达方向，可以精确地计算出未知节点在三维空间中的坐标位置。

黄庆宇等提出在无线传感器网络的定位算法研究中影响定位精度的因素，主要有信标节点密度、节点通信半径、连通度、监测区域的大小等条件。传统的算法中很多侧重于二维平面的定位，其优点在于算法流程简单、计算容易、能够在简单的环境中取得较精确的定位。该算法是基于 RSSI 的测距定位算法，重点是对三维空间定位算法进行改进，通过估计点向平面投影的方式，达到降维目的，提高定位精度。实验在 MTALAB R2012a 上进行仿真验证，从信标节点数量、节点通信半径在不同条件下，对比原算法和改进算法的平均定位误差，分析这两个因素对定位精度的影响。实验结果表明了改进的算法提高了节点的定位精度，在应用中具有一定的价值性。

林信川针对传统无线传感器网络节点三维定位算法会产生奇异矩阵及复杂度较高的问题，提出一种新的基于三边测量距离的定位算法，实现无线 WSN 中节点的三维定位。通过四面体体积公式计算得出偏移向量，运用平面上向量旋转的二维线性最小二乘估计变换的目标位置，由变换的目标位置及偏移向量计算得出目标位置。仿真实验结果表明，与传统的三维 LM 定位算法相比，改进算法精确性提高约 10% 且没有出现奇异矩阵，计算复杂度更低。

5.3　预备知识

5.3.1　标准粒子群算法

在连续空间坐标系中，标准粒子群算法的数学描述如下：设粒子群体规模为 N，其中每个粒子在 D 维空间中的坐标位置向量表示为 $\bar{x}_i = (x_{i1}, x_{i2}, \cdots, x_{id}, \cdots, x_{iD})$，速度向量表示为 $\bar{v}_i = (v_{i1}, v_{i2}, \cdots, v_{id}, \cdots, v_{iD})$，粒子个体最优位置 pbest（即该粒子最优历史位置）表示为 $\bar{p}_i = (p_{i1}, p_{i2}, \cdots, p_{id}, \cdots, p_{iD})$，群体最优位置 gbest（即该粒子群中任意个体经历过的最优位置）表示为 $\bar{p}_g = (p_{g1}, p_{g2}, \cdots, p_{gd}, \cdots, p_{gD})$。不失一般性，以最小化问题为例，设 $f(x)$ 为最小化的目标函数，则个体最优位置的迭代公式为

$$p_{id}(t+1) = \begin{cases} x_{id}(t+1), f[x_{id}(t+1)] < f[p_{id}(t)] \\ p_{id}(t), f[x_{id}(t+1)] \geqslant f[p_{id}(t)] \end{cases} \tag{5-1}$$

群体最优位置为个体最优位置中最好的位置。速度和位置迭代公式为

$$\begin{aligned} v_{id}(t+1) &= wv_{id}(t) + c_1 rand_1[p_{id}(t) - x_{id}(t)] \\ &+ c_2 rand_2[p_{gd}(t) - x_{id}(t)] \end{aligned} \tag{5-2}$$

$$x_{id}(t+1) = x_{id}(t) + v_{id}(t+1) \tag{5-3}$$

上几式中，w 为惯性权重；c_1、c_2 为学习因子；$rand_1 \sim U(0,1)$、$rand_2 \sim U(0,1)$ 为两个相互独立的随机函数。

标准粒子群算法在搜索过程中利用式(5-2)和式(5-3)更新自己的速度和位置，其本质是利用本身信息、个体极值信息和全局极值信息，来指导粒子下一步迭代位置，这实际上是一个正反馈过程，易陷入局部最优解[5-10]。该算法中，若参数选择不当，粒子群可能错过最优解，导致不收敛；即使在收敛的情况下，由于所有的粒子都向最优解的方向飞去，算法后期粒子也会趋向同一化，使得后期收敛速度明显变慢。在农业无线传感器网络中锚节点数量较少、搜索区间较大的情况下，应用该算法进行未知节点定位，这一问题就更加突出，将限制定位精度的提高。

5.3.2　无线信号传输模型

常用的无线信号传播路径损耗模型有：自由空间传播模型、双线地面反射模型和对数距离路径损耗模型，其中对数距离路径损耗模型的使用最为广泛。对数距离路径损耗模型由两部分组成，第一个是 pass loss 模型，该模型能够预测当距离为 d 时接收信号的平均功率，表示为 $\overline{P_r(d)}$，使用接近中心的距离 d_0 作为参考，$P_r(d_0)$ 是在参考距离为 d_0 处的接收功率，可测量获得或已知。$\overline{P_r(d)}$ 相对于 $P_r(d_0)$ 的计算如下：

$$\frac{P_r(d_0)}{P_r(d)} = \left(\frac{d}{d_0}\right)^{\beta} \tag{5-4}$$

其中，β 是路径损耗指数(pass loss 指数)，通常由实际测量得来的经验值，反映路径损耗随距离增长的速率。β 主要取决于无线信号传播的环境，即在空气中的衰减、反射、多径效应等复杂干扰。pass loss 模型通常以 dB 作为计量单位，其表达式为

$$\frac{\overline{P_r(d)}}{P_r(d_0)} = -10\beta\log\left(\frac{d}{d_0}\right) \tag{5-5}$$

对数距离路径损耗模型的第二部分为满足高斯分布的随机变量 XdB，反映了当距离一定时，接收功率的变化。本书采用简化的对数距离路径损耗模型，其主要是忽略高斯随机变量 XdB，以 dBm 作为计量单位，其表达式为

$$\overline{P_r(d)} = P_r(d_0) - 10\beta\log\left(\frac{d}{d_0}\right) \tag{5-6}$$

测距时接收信号强度为

$$RSSI = P_t + G - \overline{P_L(d)} = \overline{P_r(d)} \tag{5-7}$$

式中，$\overline{P_r(d)}$ 为经过距离 d 后的接收信号强度，即 RSSI，dBm；P_t 为发送信号的功率，dBm；G 为天线增益，dBi；$\overline{P_L(d)}$ 为传输距离为 d 时的平均路径损耗，dB。

5.4 交叉粒子群定位算法

5.4.1 定位网络模型

图 5-1 为定位模型原理图，一组无线传感器节点 $S=\{S_i | i=1, 2, \cdots, M\}$ 随机部署在三维区域($a×b×c$)内，各节点均为同构节点，其信息传播范围是一个以自身实际位置为中心，R 为半径的圆，即节点的通信半径为 R（R 大于区域的对角线 L）。所有节点按其在定位系统中的功能分为锚节点和未知节点。前 n 个节点 $S_1(x_1, y_1)$、$S_2(x_2, y_2)$、$\cdots$、$S_n(x_n, y_n)$ 可以通过 GPS 等外部设备或确知的实际布置预先获取自身位置，作为锚节点；节点 $S_i(x_i, y_i)$（$n<i≤M$）在网络中位置未知并且本身没有特殊的硬件设备可以获得自身信息，作为未知节点。

当网络部署完成后，首先任意选取一个锚节点作为汇聚节点，所有锚节点向汇聚节点发送包含自身节点 ID、位置的数据包；然后各锚节点相互通信，通过 RSSI 值计算彼此之间的测量距离，并上传至汇聚节点；最后汇聚节点比较锚节点间的测量距离与真实距离，获得各锚节点的误差系数，以修正未知节点与各锚节点间的测量距离，进而应用交叉粒子群算法确定未知节点的估算位置。

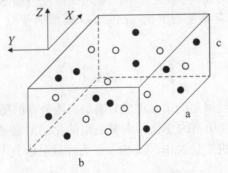

注：○ 为锚节点；● 为未知节点

图 5-1 定位模型原理图

5.4.2　测量距离修正

由于农业无线传感器网络的自组织性和随机部署的特性，使得定位系统极易受到各种定位攻击，而在定位之前未知节点无法直接鉴别所接收的锚节点信息是否准确，可以通过将锚节点自身作为测试点的方法来检测恶意锚节点。设节点 $S_i(x_i, y_i)$ 为待检测节点，该锚节点至其他锚节点的实际距离为 d_i^1、d_i^2、$\cdots$、d_i^{i-1}、d_i^{i+1}、$\cdots$、d_i^n，锚节点 S_i 至其他锚节点的测量距离为 q_i^1、q_i^2、$\cdots$、q_i^{i-1}、q_i^{i+1}、$\cdots$、q_i^n。

锚节点 S_i 的误差系数为

$$\alpha_i = 1 - \frac{1}{n-1} \sum_{j=1, j \neq i}^{n} \left(1 - \frac{d_i^j - q_i^j}{d_i^j - q_i^j + (d_i^j + q_i^j/2)} \right) \tag{5-8}$$

式中，n 为定位区域内所有锚节点个数；α_i 反映锚节点 S_i 测量距离的准确度，称为误差系数。当 $|\alpha_i| \geq \tau$ 时，该锚节点被认为是恶意锚节点，退出本次定位，否则作为正常锚节点。

未知节点接收正常锚节点的广播信息，获得相应的 RSSI 值，通过式(5-6)计算得到未知节点与相应锚节点之间的测量距离，然后利用各锚节点的误差系数根据式(5-9)对其测量距离进行修正。

$$d_{ci}^{'} = d_{ci}(1 + \alpha_i) \tag{5-9}$$

式中，d_{ci} 是未知节点和正常锚节点 S_i 之间的测量距离；$d_{ci}^{'}$ 是未知节点和正常锚节点 S_i 之间的修正距离，α_i 为正常锚节点 S_i 的误差系数。

5.4.3　交叉粒子群定位

交叉粒子群在定位搜索过程中引入交叉因子，增加粒子的多样性，其核心是采用遗传算法交叉操作的思想。具体方法为：每次迭代中，取适应度好的前一半粒子直接进入下一代，后一半粒子放入一个池中两两配对，进行和遗传算法相同的交叉操作，产生和父代同样数目的子代，再和父代做比较适应度好的一半进入下一代，以保持种群的粒子数目不变。定位计算时，未知节点将正常锚节点信息与修正后的距离输入交叉粒子群定位算法进行优化计算。交叉粒子群定位算法的基本流程如下：

Step1：初始化粒子群，包括每个粒子的速度和位置。设定学习因子 c_1、c_2，惯性权重 w，粒子群规模 N，繁殖代数 M，搜索空间维数 D，收敛精度 ε 等参数。

Step2：计算每个粒子的适应度值，初始化最优位置。将第 i 个粒子的当前位置设置为 pbest, 根据各个粒子的个体极值找出初始种群的最优位置设置为 gbest。

Step3：根据式(5-2)、(5-3)更新每个粒子的速度和位置。

Step4：计算更新后每一个粒子的适应度值。对粒子的适应度值进行排序, 排序后适应度好的前面 $N/2$ 粒子直接进入下一代。后 $N/2$ 粒子放入粒子选择池中配对, 随机产生一个交叉位置进行交叉操作(即随机设定一个交叉点, 实行交叉, 该点前或后的两个粒子个体的部分结构进行互换, 并生成两个新粒子), 产生和父代数目相同的子代。

Step5：交叉结束, 进行更新。计算子代的适应度值, 与父代的作比较, 保留子代与父代的粒子中适应度值好的一半粒子进入下一代, 以保持种群数目不变。

Step6：计算每一粒子的适应度值。将每个粒子的适应度值与其个体最优历史位置 pbest 对应的适应度值进行比较, 若较好, 则将其作为个体最优历史位置；将每个粒子的适应度值与种群运行中经历过的最优位置 gbest 对应的适应度值进行比较, 若较好, 则将其作为群体最优位置。

Step7：检查终止条件, 判断算法是否达到最大迭代次数或达到最好的适应度值。如果达到, 则算法结束, 输出群体最优位置 gbest 作为未知节点的估算位置；否则, 跳转返回 Step3。

由于测量距离存在误差, 定位问题实质上是使误差最小化, 即粒子的适应度值越小, 得到的定位结果越优, 因此适应度函数为：

$$fitness = \sum_{i=1}^{m} abs(\sqrt{(\hat{x} - x_i)^2 + (\hat{y} - y_i)^2 + (\hat{z} - z_i)^2} - d_{ci}^{'}) \qquad (5-10)$$

式中, m 为定位区域内所有正常锚节点的个数；$(\hat{x}, \hat{y}, \hat{z})$ 为未知节点的估计坐标；(x_i, y_i, z_i) 为正常锚节点 S_i 的坐标；$d_{ci}^{'}$ 是未知节点和正常锚节点 S_i 之间的修正距离。

5.5　仿真与试验

为了检验算法的性能, 本章采用 MATLAB 软件建立基于 RSSI 测距技术的仿真平台, 对所提出的定位算法进行了一系列仿真比较。仿真场景设定如下：①试验三维区域为 100 m×100 m×50 m；②节点数量为 40 个, 其中有 20 个锚节点；③未知节点与锚节点的发射信号强度 P_t 为 30 dBm, 参考距离 d_0 为20m, 发

射天线增益 G_1、接收天线增益 G_r 为 1 dBi，路径损耗指数 n 为 2；④恶意锚节点的阈值 $\tau=0.1$，粒子群规模 $R=50$，加速常数 $c_1=c_2=1.4962$，收敛精度 $\varepsilon=10^{-6}$；⑤定位结果均为相同参数下仿真 100 次所得到结果的平均值。为模拟实际环境对 RSSI 测距的影响，根据未知节点与锚节点的位置，计算各锚节点得到的精确接收信号强度，在此基础上增加零均值高斯随机变量 λ 作为环境干扰，然后将该接收信号强度作为 RSSI 值求出测量距离。同理，测量距离修正时锚节点间 RSSI 测量距离的计算与上述步骤一致。

定位误差是衡量定位算法精确性的主要标准，定位误差定义为未知节点经定位算法的估算坐标位置与其实际坐标位置间的距离，即：

$$E = \sqrt{(x_i - x_e)^2 + (y_i - y_e)^2} \tag{5-11}$$

其中，估算坐标位置为 (x_e, y_e)，实际坐标位置为 (x_i, y_i)。

5.5.1　算法参数选取

惯性权重 w 作用是保持粒子的运动惯性，较小的 w 可以使粒子在局部空间内找到最优解，较大的 w 可以使粒子搜索更大的空间，有利于发现全局的最优解。图 5-2 描述了惯性权重 w 对平均定位误差的影响[高斯随机变量 $\lambda = N$ (0,9)，最大迭代次数 $M=500$]，可以看出，当 $w \in [0.1, 0.5]$ 时，平均定位误差较大，其均值达到 47.9156 m；当 $w \in (0.5, 1]$ 时，平均定位误差迅速下降，且 $w \geq 0.7$ 时，平均定位误差基本保持不变，其均值为 0.6542 m。因此，选取算法的惯性权重 w 为 0.7。

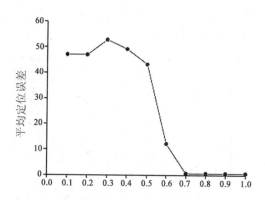

图 5-2　惯性权重 w 对平均定位误差的影响

合适的最大迭代次数 M 有助于缩短算法运行时间，提高定位效率。过大的 M 往往使得交叉粒子群算法在已经获得最优值的情况下仍不断循环运算直至达到最大迭代次数，降低了算法的实时性。当高斯随机变量 $\lambda = N(0, 9)$、惯性权重 $w = 0.7$ 时，选择不同的最大迭代次数进行测试，定位结果如图 5-3 所示，可以看出，当 $M \in [50, 200]$ 时，平均定位误差随着 M 的增大而不断减小；当 $M \in (200, 500]$ 时，平均定位误差基本恒定。因此，设定算法的最大迭代次数 M 为 250。

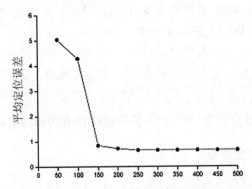

图 5-3　最大迭代次数 M 对平均定位误差的影响

5.5.2　算法性能分析

高斯随机变量对定位误差的影响如图 5-4 所示，可以看出，随着高斯随机变量标准差数值的提高，定位误差呈逐渐增大趋势，高斯随机变量为 $N(0, 10)$、$N(0, 20)$、$N(0, 30)$ 时的定位误差均值分别等于 0.6969 m、1.0410 m、2.3404 m，最大定位误差为试验三维区域对角线长度的 3.2705 %，表明本书提出的定位算法对测距误差并不敏感，具有良好的环境适应性。

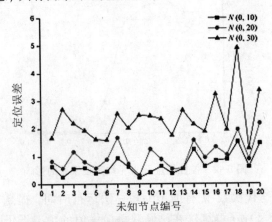

图 5-4　高斯随机变量对定位误差的影响

当高斯随机变量 $\lambda = N(0, 9)$ 时，选择不同数量的锚节点进行定位试验，定位结果如图 5-5 所示，可以看出，平均定位误差随着锚节点数量的增加而迅速减小，但当锚节点数量增加到 12 时，其定位效果已达到较好的水平，继续提高锚节点密度，定位效果提高并不明显，表明本章提出的定位算法对锚节点数量的依赖度较低，能在较少的锚节点情况下获得理想的定位精度。

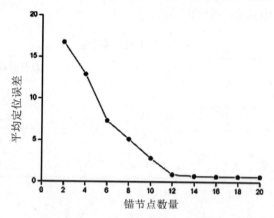

图 5-5　锚节点数量对平均定位误差的影响

当高斯随机变量 $\lambda = N(0, 25)$ 时，相同仿真条件下比较本章提出的定位算法与标准粒子群算法的定位效果，结果如图 5-6 所示，可以看出，当标准粒子群定位算法出现误差较大情况时，采用交叉粒子群定位算法可以有效提高定位精度，误差补偿效果显著。两种定位算法的平均定位误差分别为 1.6384 m、2.4128 m。

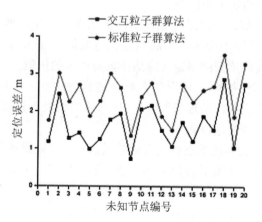

图 5-6　定位误差比较

在相同节点数量与布置方式的情况下,取高斯随机变量 $\lambda = N(0, 9)$,将本章提出的定位算法与混合蛙跳定位算法进行比较,混合蛙跳定位算法参数设置:种群分组数为 50,每组青蛙包含的个数为 35,组内迭代数为 25,种群总进化代数为 100,仿真结果见表 5-1。可以看出,与混合蛙跳定位算法相比,本章提出的定位算法性能更为优越,能良好地应对客观条件限制,在农业无线传感器网络实际应用中具有一定的价值。

表 5-1 定位结果比较

定位误差	交叉粒子群定位算法	混合蛙跳定位算法
最大值/m	1.3378	1.7473
最小值/m	0.2583	0.5615
均值/m	0.6512	1.0447
≤1 m 的比例	0.55	0.9

5.6 本章小结

本章提出一种基于交叉粒子群的农业无线传感器网络三维定位方法,借鉴遗传算法交叉操作的思想,增加粒子的多样性,通过仿真试验分析其在节点定位问题中的性能,得出如下结论:

(1)该算法较好地克服了标准粒子群优化算法进化后期存在收敛速度慢、易陷入局部极小点、早熟收敛等问题对定位造成的负面影响,有效提高了定位精度,在农业无线传感器网络定位应用中具有一定的价值。

(2)较大的惯性权重 w 可以扩大粒子搜索的空间,有利于发现全局最优解,可使平均定位误差保持理想的水平;选择适当的最大迭代次数 M 有助于缩短算法运行时间,提高定位效率。

(3)测距误差大和锚节点数量有限等因素对定位效果的影响不显著,表明该算法能在很大程度上弥补环境影响所造成的定位误差,具有良好的鲁棒性。

参考文献

[1]崔鸿飞,刘佳,顾晶晶,等.基于局部保持典型相关分析的无线传感器网络三维定位算法[J].计算机科学,2017,44(09):105-109,130.

[2]陈昌凯，刘云，崔自如.无线传感网中三维节点定位算法优化研究[J].信息技术，2017(08)：1-4,10.

[3]王照宇，索小新.基于信标点球壳交集的无线传感器网络三维定位算法[J].邮电设计技术，2017(03)：50-57.

[4]王浩.无线传感器网络中基于 RSS 和 DOA 融合的三维定位算法[J].现代计算机(专业版)，2017(05)：8-10.

[5]王振.无线传感器三维空间测距定位算法研究[D].赣州:江西理工大学，2016.

[6]黄庆宇，刘新华.基于线性最小二乘估计的传感网节点三维测距定位算法[J].计算机工程，2016,42(12)：11-15.

[7]林信川.基于 iBeacon 的三维无线传感网络定位算法优化研究[J].福建商学院学报，2017(05)：93-100.

[8]张顶学，廖锐全.一种基于种群速度的自适应粒子群算法[J].控制与决策，2009,24(8)：1257-1260.

[9]张顶学，关治洪，刘新芝.一种动态改变惯性权重的自适应粒子群算法[J].控制与决策，2008,23(11)：1253-1257.

[10]粟塔山.最优化计算原理与算法程序设计[M].长沙:国防科技大学出版社，2001.

第6章 基于相似度的温室无线传感器网络定位算法

6.1 引言

无线传感器网络是部署在监测区域内大量的静止或移动的传感器节点以自组织和多跳的方式构成的网络系统，传感器节点间相互协作地感知、采集和处理网络覆盖区域中监测对象的信息，并发送给观察者。无线传感器网络不需要任何固定网络支持，具有快速展开、抗毁性强、工作生命周期长等特点，在温室环境监测领域具有广泛的应用前景。近年来，已有不少研究者开展了相关的应用研究。

随着设施园艺技术的发展，单体温室面积呈不断扩大趋势，虽然有利于节省材料、降低成本、提高采光率和提高栽培效益，但同时意味着需要部署大量的传感器节点才能保证环境监测的覆盖程度，势必造成设备成本上升与管理难度增大。使用移动节点对温室的环境进行动态、随机监测，不仅可以减少节点数量，而且能够增大网络的采样覆盖范围，同时可以实施数据转发以提高网络连通性。移动节点定位是该应用的基础，主要原因在于以下两点：节点位置信息准确与否直接关系到所采集数据的有效性；基于地理位置路由协议实现路由的发现、维护和数据转发的前提是获取节点位置信息。获得移动节点位置的直接方法是使用全球定位系统（global positioning system，GPS）来实现，但是在温室无线传感器网络中使用 GPS 来获得所有节点的位置受到价格、体积、功耗、布置环境等诸多因素制约，实际应用中根本无法实现，因此对无线传感器网络节点定位技术的研究很有必要。

现有的无线传感器网络定位算法通常可以分为基于非测距技术的定位算法和基于测距的定位算法。其中基于非测距技术的定位算法的定位精度较低，而基于测距的定位算法的定位精度较高，但需要测量节点间的距离或角度信息。

在基于测距的无线传感器网络定位系统中，定位的精度在很大程度上取决于信标节点和移动节点之间通信距离的估计。一般可利用红外、声波、无线电波等传输介质估计距离，考虑成本因素，在温室定位应用中，比较适合采用低成本的到达信号强度(received signal strength indicator, RSSI)进行估计。由于定位技术在无线传感器网络中的重要性，许多文献从不同的角度和应用出发，开展了基于 RSSI 测距技术的定位研究，提出了不同的定位算法。例如，文献[1]提出利用最小二乘支持向量机实现无线传感器网络的目标定位算法，借助于最小二乘支持向量机良好的抗噪能力能够有效减小 RSSI 值波动对定位结果的影响，提高定位准确度。文献[2]给出结合丢包率和 RSSI 的自适应区域定位算法，能有效弥补无线信号传输模型在实际环境中受到环境影响而造成的测距误差。上述研究对基于 RSSI 测距的定位问题的探索起到了一定的推动作用，但大多数定位算法计算量大、网络密度要求高，不适于在处理能力有限的温室传感器节点中实现。针对温室无线传感器网络中定位算法简单、易实现要求，本章提出一种基于相似度的温室无线传感器网络定位算法。首先汇聚节点对温室区域进行虚拟网格划分，并返回除区域边界外的网格顶点坐标，然后修正传感器节点与各信标节点间的测量距离，并按序组成距离向量，最后量化该距离向量与所有除区域边界外的网格顶点到各信标节点的距离向量之间的相似程度，选取相似度最高的网格顶点的质心作为传感器节点的估算坐标。

6.2　相关工作

温室种植是设施农业的重要组成部分，如何提高温室种植的信息化水平成为人们关注的热点问题。无线传感器网络作为一种新的信息获取和处理技术，凭借其价格低廉、可靠性高、功耗低等特点，被广泛应用到各类监测网络中。无线传感器网络是一种由大量廉价的传感器节点组成的多跳自组织网络。它的出现，极大地拓宽了人们获取信息的渠道，把客观世界的物理信息通过无线网络进行传输，给人们传递最直接、最有效、最真实的信息。在无线传感器网络中，位置信息对传感器网络的监测活动不可或缺，确定事件发生的位置是传感器网络最基本的功能之一，对传感器网络的应用有效性起着至关重要的作用。当前对温室无线传感器网络定位算法的研究有很多种。

薛霞等提出了温室中传感器节点的位置大多是工作人员进行定位，为了满足温室监测的需求，使用了一种改进的无线传感器网络定位技术，着重研究了温室中传感器节点布置后自适应定位的技术。实验结果表明,MDH 算法提高了节点的定位覆盖率,降低了平均定位误差,且减少了计算开销。这种定位技术适合用于监测温室的环境。

张纪文提出的 DV-Hop 算法是一种典型的无需测距的定位算法。在各项同性且密集分布的网络中,该算法定位精度较高。然而,在拓扑不规则的传感器网络中,DV-Hop 算法在平均跳距计算上不合理,使得节点的定位误差很大。针对这一问题,提出了一种基于拓扑相关性的改进算法。主要原理是根据网络拓扑相关性和跳数加权计算平均跳距,并对多个估算结果进行面积加权,有效地提高了定位精度。仿真实验表明,与传统 DV-Hop 相比,改进算法在不增加额外硬件支持的前提下,更适合于随机分布网络中的节点定位。在物联网技术快速发展的今天,本文将 Zigbee 和无线传感器网络定位技术应用到温室智能监控系统的设计之中,实现了温室环境监控的自动化和智能化。该系统初步实现了温室环境数据实时采集、处理与显示;将监测的环境参数通过串口通信传输到监控中心计算机,并接受系统控制而产生控制决策,有系统自动控制、专家决策控制和经验自动控制 3 种方式,增加了系统控制的灵活性。该系统简单易用,扩展性强,有着较强的实用价值。

童宇行等为解决 DV-Hop 算法在无线传感器网络应用中定位精度较低的问题,提出了一种改进的 DV-Hop 算法。该算法通过设置跳数阈值来约束节点间的最小跳数,并引入一种加权处理的平均跳距计算方法,这样可使平均跳距计算值更加准确,最后使用粒子群算法对定位结果优化处理。仿真结果表明,相比传统算法,改进算法在给定条件下的定位精度提高了约 20%。

薛建彬等针对水下无线传感器网络节点定位算法存在的水下测距技术实现难度大和未知节点获取多个信标节点位置信息时网络开销大等问题,提出一种基于摄影测量的并发式共线定位算法(PCL)。首先,利用矢量水听器阵列获得携带水下节点方位信息的信号;然后引入细菌觅食优化算法(BFO)对信源信号的波达方向(DOA)进行最大似然估计,在获得节点的方位估计后,算法通过判定未知节点与其周围信标节点的共线程度,进一步结合摄影测量原理对满足共线度阈值的未知节点进行坐标解算;最后将已定位的未知节点升级为信标节点进行迭代定位完成定位过程。仿真结果表明:算法在提高节点定位精度的同时,减少了未知节点定位对于信标节点数量的需求。

楼国红等为获得理想的节点定位结果,设计一种基于粒子群修正测距的无线传感器节点定位算法。首先对经典无线传感器节点定位算法——DV-Hop 的工作原理进行分析,找到导致测距误差的因素;然后用粒子群算法对无线传感器节点之间的测距进行修正,以减少节点间的测距误差,并对标准粒子群算法的不足进行相应的改进;最后通过仿真实验与当前经典无线传感器节点定位算法进行对比测试。测试结果表明,在相同工作环境下,该算法提高了无线传感器节点的定位精度,且未增加额外硬件开销。

汪明等针对目前无线传感器网络定位算法中未知节点间接收信号强度指示(RSSI)冗余信息利用不足以及信息无筛选利用问题,提出一种新的精度优选RSSI协作定位算法。首先,利用 RSSI 阈值,从大量粗定位的未知节点中筛选出定位精度相对较高的节点;接着,利用 subset 子集判断方法从经过 RSSI 阈值筛选的节点中提取出受环境影响较小的节点,作为次选协作骨干节点;然后,使用锚节点置换准则,根据置换锚节点的定位误差,从次选协作节点中进一步提取出高精度的节点作为优选协作骨干节点;最后,以协作骨干节点为协作对象,根据精度优先级参与协作求精,对未知节点进行未知修正。仿真实验表明,该算法在 $100 \times 100 \, \text{m}^2$ 网格区域内的平均定位精度小于 1.127m。定位精度方面,相同条件下,相较于改进的采用 RSSI 模型的无线传感器网络定位算法,该算法平均定位精度提高了15%。在时间效率方面,相同条件下,对比传统 RSSI协作定位算法,该算法在时间效率上提高了20%。可见,精度优选 RSSI 协作定位算法可以有效提高节点定位精度,减小计算复杂度,提高时间效率。

在本章中,针对温室移动节点定位简单、易实现要求,提出了一种基于相似度的温室无线传感器网络定位方法。该方法主要包括虚拟网格划分、测量距离修正、节点定位 3 个阶段。首先,汇聚节点根据信标节点的分布信息,将温室区域等分划分虚拟网格,并返回除区域边界外的网格顶点的坐标;然后,汇聚节点通过比较信标节点间测量距离与真实距离的偏差,获得各信标节点的误差系数,用以修正传感器节点与各信标节点间的测量距离,并按序组成距离向量;最后,量化该距离向量与所有除区域边界外的网格顶点到各信标节点的距离向量之间的相似程度,选取相似度最高的网格顶点的质心为传感器节点的估计位置。仿真试验表明,该方法充分考虑测距误差、虚拟网格、信标节点数量对定位误差的影响,具有较高的稳定性和定位精度,能够满足网络定位成本受限的温室定位需求;将该方法与支持向量机定位算法进行比较,2 种算法的定位误差均值分别为 2.5407、2.9195 m,定位算法平均运行时间分别为0.2326、2.3719 s,表明该方法具有更低定位误差和计算复杂度。

6.3 预备知识

6.3.1 RSSI 特性

采用 RSSI 技术定位时，由于移动节点自身具备通信能力，通信控制芯片通常会提供测量 RSSI 的方法，在广播自身坐标的同时可完成 RSSI 的测量，无需额外的硬件装置，功耗小、成本低，能够满足温室定位应用的要求。RSSI 是一种指示当前介质中电磁波能量大小的数值，单位为 dBm，RSSI 值随距离增加而减小，为获得无线信号在实际空间中传播的 RSSI 特性，选择室内、室外进行无线通信试验。试验条件为：发射端功率为 3 dBm，鞭状全向天线增益为 3 dBi，天线高度为 0.3 m，在不同环境中各距离点上分别测量 50 次接收端的 RSSI 值，以其最大值、最小值、均值绘制曲线。

图 6-1 为对室内、室外环境下的无线信号强度衰减的试验结果。

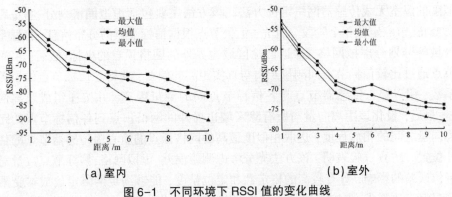

(a)室内　　　　　　　　　　　　　(b)室外

图 6-1　不同环境下 RSSI 值的变化曲线

从图 6-1 中可以看出，RSSI 与传输距离呈非线性衰减变化趋势，并存在一定程度的抖动；当传输距离较近时，功率衰减较快，而传输距离越远，衰减越慢。这表明基于 RSSI 的定位技术，当传输距离越近，定位越准确，传输距离越远，定位误差越大，同时接收端到发射端的距离越近，RSSI 的最大值和最小值相差越小，即传输距离与 RSSI 的对应关系越好，反之越差。

6.3.2　RSSI 测距模型

常用的无线电波传播路径损耗模型有：自由空间传播模型、对数距离路径损耗模型、对数-常态分布模型等。在实际应用中，由于多径、绕射、障碍物等因素，信号传输通常是各向异性的，因此采用对数-常态分布模型更加合理，其表达式为

$$P_r(d) = P_t - PL(d_0) - 10n\log\left(\frac{d}{d_0}\right) + X \tag{6-1}$$

式中，d_0 为参考距离，m；d 为接收端与发射端之间的距离，m。$P_r(d)$ 为距离为 d 时接收到的信号强度，dBm；n 为与阻挡物等环境有关的路径损耗指数；P_t 为发射信号强度，dBm；$PL(d_0)$ 为无线信号经过参考距离 d_0 后的路径损耗，dB；X 为服从 $N(0, \sigma^2)$ 分布的随机变量，反映当距离一定时接收信号功率的变化，本书采用简化的对数-常态分布模型，忽略随机变量 X。

根据 Frris 公式，无线信号经过参考距离 d_0 后的路径损耗 $PL(d_0)$ 为

$$PL(d_0) = -10\log\left[\frac{G_t G_r \lambda^2}{(4\pi)^2 d_0^2 L}\right] \tag{6-2}$$

式中，G_t 为发射天线增益，dBi；G_r 为接收天线增益，dBi；L 为与传播无关的系统损耗因子；λ 为无线信号波长，m。

测距时，接收信号强度为

$$RSSI = P_t + G - P_L(d) = P_r(d) \tag{6-3}$$

式中，$RSSI$ 为经过距离 d 后接收信号强度，即 $P_r(d)$，dBm；P_t 为发射信号强度，dBm；G 为天线增益，包括发射天线增益与接收天线增益，dBi；$P_L(d)$ 为传输距离为 d 时的路径损耗，dB。

6.3.3　定位网络模型

图 6-2 为定位模型原理图，信标节点 $S = \{S_i | i = 1, 2, \cdots, n\}$ 沿矩形温室区域上下边界等距分布，m 个传感器节点分布于温室区域内，其中 n 一般远小于 m。为了讨论方便，本书做出如下假设：

(1) 每个传感器节点具有唯一的 ID，并可以随意移动。

(2) 空间无线信号传输模型为理想的球体。

(3) 所有传感器节点同构，电量和计算能力相同。

(4) 信标节点能够通过 GPS 接收装置或其他手段预先获取二维坐标信息。

（5）所有传感器节点和信标节点是时间同步的，且能直接通信。

当网络部署完成后，首先任意选取一个信标节点作为汇聚节点，各信标节点向汇聚节点上传包含自身节点 ID、位置的数据包，汇聚节点根据信标节点的分布信息，将温室区域按 N 等分划分虚拟网格，并返回除区域边界外的网格顶点 $K_j[j=1, 2, \cdots, (N-1)^2]$ 的坐标。然后汇聚节点比较信标节点间的测量距离与真实距离，获得各信标节点的误差系数，从而修正传感器节点与各信标节点间的测量距离，并按序组成一个距离向量。最后应用数据相似度函数量化该距离向量与所有除区域边界外的网格顶点到各信标节点的距离向量之间的近似程度，选取相似度最高的网格顶点的质心为传感器节点的估计位置。

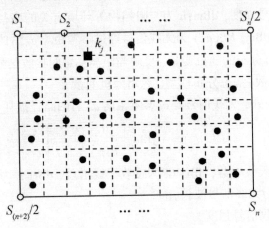

注：○为信标节点，表示为 S_i；●为传感器节点；■为网格顶点，表示为 K_j。

图6-2 定位模型原理图

6.4 定位算法

6.4.1 测量距离修正

传感器节点与各信标节点的测量距离直接影响到传感器节点的定位精度，实际定位过程中，由于 RSSI 的测量值存在误差，则由式（6-1）计算出的节点间的距离不准确，最终会导致节点定位精度不高。通过对信标节点间的测量距离与真实距离进行比较就可以获得 RSSI 的测距误差，从而可对传感器节点与信标节点间的测量距离进行误差修正。

设 $S_i(x_i, y_i)$ 为某信标节点，该信标节点至其他信标节点的实际距离为 d_i^1、d_i^2、$\cdots$、d_i^{i-1}、d_i^{i+1}、$\cdots$、d_i^n，信标节点 S_i 至其他信标节点的测量距离为 q_i^1、q_i^2、$\cdots$、q_i^{i-1}、q_i^{i+1}、$\cdots$、q_i^n。

定义信标节点 S_i 的误差系数为

$$\alpha_i = \frac{1}{n-1} \sum_{j=1, j \neq i}^{n} \frac{d_i^j - q_i^j}{q_i^j} \tag{6-4}$$

式中，n 为温室区域内所有信标节点个数；α_i 反映信标节点 S_i 测量距离的准确度，称为误差系数。当 $|\alpha_i| \geq \tau$ 时，该信标节点被认为是恶意信标节点，退出本次定位，否则作为正常信标节点，其中 τ 为设定的阈值。

传感器节点接收正常信标节点的广播信息，将接收到的 RSSI 值，通过式 (6-1) 计算得到传感器节点与相应信标节点之间的测量距离，然后利用各信标节点的误差系数根据式 (6-5) 对测量距离进行修正。

$$d_{ci}' = d_{ci}(1 + \alpha_i) \tag{6-5}$$

式中，d_{ci} 是传感器节点和正常信标节点 S_i 之间的测量距离，m；d_{ci}' 是传感器节点和正常信标节点 S_i 之间的修正距离，m；α_i 为正常信标节点 S_i 的误差系数。

6.4.2　基于相似度的质心定位

移动节点处于邻近位置时，其至各信标节点的距离向量具有相似性较大的特点，为定位提供了前提条件。如何有效量化邻近位置距离向量之间的相似性，是实现定位算法的关键。汇聚节点收集某传感器节点与各信标节点通信的一组 RSSI 值，按序组成一个 n 维向量 $R = [r_1, r_2, \cdots, r_n]$。通过简化的对数-常态分布模型，将向量 R 转换为距离向量 $T = [d_1, d_2, \cdots, d_n]$，利用各信标节点的误差系数进行测量距离修正后，得到新的距离向量 $T' = [d_1', d_2', \cdots, d_n']$。应用数据相似度函数量化距离向量 T' 与所有除区域边界外的网格顶点到各信标节点的距离向量之间的近似程度。

数据相似度函数 $Gsim(X, Y)$ 表达式为

$$Gsim(X, Y) = \sum_{i=1}^{n} \left(1 - \frac{|x_i - y_i|}{|x_i - y_i| + m_i} \right) / n \tag{6-6}$$

式中，n 为信标节点的总数；$X = (x_1, x_2, \cdots, x_n)$ 为某传感器节点到各信标节点的距离向量 T'；$Y = (y_1, y_2, \cdots, y_n)$ 为某网格顶点到各信标节点的距离向量；m_i 表示第 i 维上 X 和 Y 平均值的绝对值；$Gsim(X, Y) \in [0, 1]$。

每个传感器节点通过函数 $Gsim(X, Y)$ 得到一个对应的相似度数组 C。

$$C = [G_1\ G_2 \cdots G_{(N-1)}{}^2] \tag{6-7}$$

对数组 C 中元素进行排序，取相似度最高的 V 个网格顶点所围成区域的质心为最终该传感器节点的估计坐标 (x_i, y_i)，具体计算公式如下：

$$(x_i, y_i) = \left(\frac{\sum_{j=1}^{V} x_j}{V}, \frac{\sum_{j=1}^{V} y_j}{V} \right) \tag{6-8}$$

6.4.3 仿真模型与测试数据

传感器节点在温室内的实际运动具有规律性，其速度和方向前后存在着相互影响，因此节点的运动是平滑的。高斯-马尔可夫移动模型中传感器节点的运动轨迹与随机移动模型的运动轨迹相比有很大的缓和，能够克服其急停急转的缺陷，因此用高斯-马尔可夫移动模型来描述传感器节点的运动更加符合现实中的情况。高斯-马尔可夫移动模型的公式定义为

$$v_k = \beta v_{k-1} + (1 - \beta) v_{avg} + (\sqrt{1 - \beta^2}) w_{v_{k-1}} \tag{6-9}$$

$$d_k = \beta d_{k-1} + (1 - \beta) d_{avg} + (\sqrt{1 - \beta^2}) w_{d_{k-1}} \tag{6-10}$$

$$x_k = x_{k-1} + v_{k-1} \times \cos(d_{k-1}) \tag{6-11}$$

$$y_k = y_{k-1} + v_{k-1} \times \sin(d_{k-1}) \tag{6-12}$$

式中，v_k、d_k 为 k 时刻的速度与方向；v_{avg}、d_{avg} 为平均速度与平均运动方向；β 为随机调节参数，且 $\beta \in [0, 1]$；$w_{v_{k-1}}$、$w_{d_{k-1}}$ 为随机高斯变量；(x_k, y_k) 为 k 时刻的平面位置坐标。

在固定大小的温室区域内（100 m×100 m），6 个锚节点沿上下边界等距布置，某传感器节点按照高斯-马尔可夫移动模型在网络部署的温室区域内移动，模型参数为 $\beta = 0.3$，$v_{avg} = 1$ m/s，$d_{avg} = \pi/2$，初始位置选为（50m，50m），每隔 5s 完成一次定位，共进行 20 次用于算法性能测试，其运动轨迹如图 6-3 所示。定位误差定义为某传感器节点经定位算法的估算坐标位置与其实际坐标位置间的距离，即：$I = \sqrt{(x_i - x_e)^2 + (y_i - y_e)^2}$，其中估算坐标位置为 (x_e, y_e)，实际坐标位置为 (x_i, y_i)。

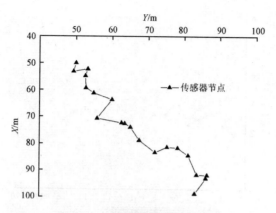

图 6-3　传感器节点的运动轨迹

6.5　仿真与分析

为验证温室无线传感器网络定位方法的性能，利用 MATLAB 进行相应的仿真试验。模拟的 RSSI 测量距离由传感器节点位置得出，具体方法为：首先，设定传感器节点与信标节点的发射信号强度 P_t 为 30 dBm，参考距离 d_0 为 20 m，发射天线增益 G_t、接收天线增益 G_r 为 1 dBi，路径损耗指数 n 为 2，与传播无关的系统损耗因子 L 为 1；然后，根据传感器节点位置与已知的信标节点位置，计算传感器节点得到的精确接收信号强度，在此基础上增加高斯随机变量作为环境干扰，将此接收信号强度作为 P_r 的测量值；最后将 P_r 的测量值作为 RSSI 来求出测量距离。同理，测量距离修正时，信标节点间 RSSI 测量距离的计算与上述步骤近似。

利用本章提出的定位算法对 20 组测试数据进行分析，设定恶意信标节点的阈值 τ 为 0.1，高斯随机变量为 $N(0, 20)$，虚拟网格大小为 5 m×5 m，相似度最高的网格顶点的数量 V 为 4。为消除随机分布产生的误差，以下所得定位结果均为相同参数下仿真 100 次所得到结果的平均值，测试数据的定位误差如图 6-4 所示，其最大值为 5.7742 m，最小值为 1.9053 m，均值为 2.7791 m，均方差为 0.5588 m，整体的定位效果较好，但由于网格顶点的质心难以覆盖区域边界，使得接近温室区域边界处的定位误差偏大，可通过选择更小的虚拟网格进行改善。

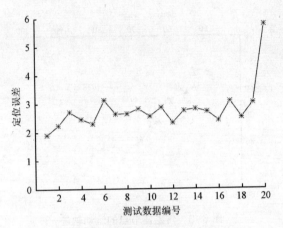

图 6-4　测试数据的定位误差

　　选择不同的高斯随机变量进行测试数据定位,定位结果如图 6-5 所示,可以看出,随着高斯随机变量标准差数值的提高,测试数据的定位误差呈增大趋势,但接近温室区域边界处的定位误差变化不明显,高斯随机变量为 $N(0, 10)$、$N(0, 20)$、$N(0, 30)$时的定位误差均值分别等于 2.3331、2.7791、3.6521 m,表明本章提出的定位算法对测距误差并不敏感,具有良好的环境适应性。

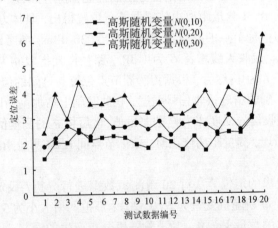

图 6-5　高斯随机变量对定位误差的影响

　　改变虚拟网格的大小进行测试数据定位,定位结果如图 6-6 所示,可以看出,定位误差随虚拟网格面积的增大而增加,当虚拟网格为 2 m×2 m 时,测试数据的定位效果良好,接近温室区域边界处的定位误差也处于较低的水平(均值为 2.1024 m),而当虚拟网格增大到 10 m×10 m 时,整体的定位效果下降,特别是接近温室区域边界处的定位误差出现急剧增大的情况,其定位误差最大值达到 13.8397 m。分析可知,选择更小的虚拟网格可以获得更佳的定位效果,但其定位运算时间也会成倍增长,如上述 3 种虚拟网格划分对应的相似度计算量分别为 81、361、2401 次。

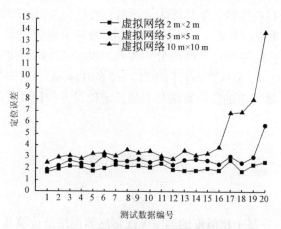

图 6-6　虚拟网格对定位误差的影响

设定不同数量的信标节点进行测试数据定位,定位结果如图 6-7 所示,可以看出,通过增加信标节点数量,能够有效提高定位精度,但当信标节点数量从 10 增加到 22 时,其定位误差均值由 2.3125 m 减小至 2.1712 m,定位效果改善并不明显,表明本章提出的定位算法对信标节点数量的依赖度较低,能在较少的信标节点情况下获得稳定的定位精度,适用于限制定位成本的温室无线传感器网络。同时,增大信标节点数量无法显著改善接近温室区域边界处的定位效果。

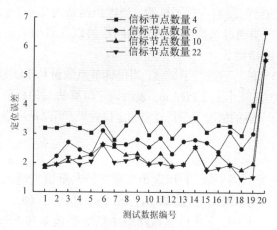

图 6-7　信标节点对定位误差的影响

在相同信标节点数量与布置方式的情况下，将本章提出的定位算法与支持向量机定位算法进行比较，利用虚拟网格（4 m×4 m）划分后除区域边界外的网格顶点到各信标节点的距离向量与网格顶点坐标作为训练集建立二维坐标回归模型 f_X 和 f_Y，选择高斯径向基核作为核函数，通过交叉验证方法确定核函数的形状参数 γ 以及惩罚系数 c，得到两种算法的定位误差均值分别为 2.5407、2.9195 m，定位算法平均运行时间分别为 0.2326、2.3719 s，定位误差的波动范围分别为 [1.7931 m, 5.3427 m]、[1.9517 m, 6.0134 m]，表明与支持向量机定位算法相比，本章提出的定位算法具有较低定位误差和计算复杂度。

6.6　本章小结

本章提出一种基于相似度的温室无线传感器网络定位算法，应用数据相似度函数度量传感器节点至信标节点间的距离向量与所有除区域边界外的网格顶点到各信标节点的距离向量之间的相似程度，选取相似度最高的网格顶点的质心作为传感器节点的估算坐标，仿真试验表明，该定位算法具有计算复杂度低、简单易实现、定位效果好等特点。

（1）对高斯随机变量的影响进行了试验，当高斯随机变量为 $N(0, 10)$、$N(0, 20)$、$N(0, 30)$ 时的定位误差均值分别等于 2.3331、2.7791、3.6521 m，表明该定位算法对测距误差并不敏感，具有良好的环境适应性，大大减少了测距误差对位置估计结果的影响。

（2）对虚拟网格的影响进行了试验，当虚拟网格为 2m×2m 时，定位误差均值为 2.1024 m，表明通过选择更小的虚拟网格可以有效提高定位精度，但其定位运算时间也会成倍增长。

（3）对信标节点的影响进行了试验，当信标节点数量从 10 增加到 22 时，定位误差均值由 2.3125 m 减小至 2.1712 m，表明该定位算法对信标节点数量的依赖度低，能在少量信标节点的情况下获得理想的定位效果，可降低网络的定位成本。

参考文献
[1]张晓平，刘桂雄，周松斌. 利用最小二乘支持向量机实现无线传感器网络的目标定位[J]. 光学精密工程，2010，18(9)：2060-2068.
[2]李方敏，韩屏，罗婷. 无线传感器网络中结合丢包率和 RSSI 的自适应区域定位算法[J]. 通信学报，2009，30(9)：15-23.

［3］薛霞，孙勇.温室监测的无线传感器网络节点定位算法［J］.中国农机化学报，2013，34（05）：260-264.

［4］张纪文.无线传感器网络节点自定位技术研究及应用［D］.济南：山东大学，2011.

［5］章浩.无线传感器网络中节点定位及其在农业上的应用［D］.镇江：江苏大学，2007.

［6］童宇行，黄鹏，刘玉红.改进的无线传感器网络DV-Hop节点定位算法［J］.电子科技，2018，31（05）：8-11.

［7］薛建彬，张龙，王璐，等.基于摄影测量的水下无线传感器网络定位算法［J］.华中科技大学学报（自然科学版），2018（05）：28-33.

［8］楼国红，张剑平.粒子群算法修正测距的无线传感器网络节点定位［J］.吉林大学学报（理学版），2018，56（03）：650-656.

［9］汪明，许亮，何小敏.无线传感器网络精度优选RSSI协作定位算法［J］.计算机应用：38（7）：1-9.

第7章 融合粗糙集和人工鱼群算法的农业无线传感器网络定位方法

7.1 引言

无线传感器网络(wireless sensor networks,WSN)是一种全新的信息获取平台,可以在农业领域内实现复杂的大范围监测和追踪任务,节点定位技术是农业无线传感器网络的关键支撑技术之一,实现高效可靠的节点定位对事件观测、目标跟踪及提高路由效率等方面具有重要意义。目前提出的定位算法大体分为基于测距与无需测距的算法。无需测距的定位算法依据网络连通性等信息实现节点定位,但精度较低。而基于测距的定位算法通过测量节点间的距离或角度信息计算节点位置,常用测距方法有 RSSI(received signal strength indicator)、TOA(time of arrival)、AOA(angle of arrival)、TDOA(time difference of arrival)等。其中,基于 RSSI 的测距技术直接利用无线收发芯片测量信号强度,无需加装额外装置,成本和能耗较低,易于实现,已成为无线传感器网络定位的主要方法。

在多数农业应用场合中,受节点能量、功耗、成本的影响,只有信标节点通过 GPS(global positioning system)定位系统获得自身的位置信息,其他的未知节点必须通过信标节点来进行定位。人工鱼群算法(Artificial fish swarm algorithm,AFSA)是基于动物行为的自治体寻优的一种现代启发式随机搜索算法,具有对初值和参数选择不敏感、鲁棒性强、简单、易实现等优点,目前该算法已应用于无线传感器网络 RSSI 定位。信标节点作为无线传感器网络定位的基础,受多径效应、自身特性、几何分布等因素的影响,其中只有一些关键的信标节点对定位结果比较敏感,能够提供互补信息,有助于提高定位准确性,而冗余的信标节点则会增大定位误差,如何合理选择参与定位的信标节点是一个亟须解决的重要问题。

粗糙集是目前数据挖掘和知识发现的有力工具之一，自波兰学者 Pawlak 于 1982 年提出该理论以来，它已成为描述不完整、不精确和含噪声数据的有力工具。粗糙集理论在处理不确定的知识、消除冗余信息、发现数据属性之间的本质关系上具有突出的优势，它不依赖模型的先验知识，提供了一套完整的条件属性约简和值约简方法，从而可以找到描述系统正常模型的最小预测规则集，为完成定位特征属性选择和提高定位精度提供了新的途径。

针对上述问题，本章提出一种融合粗糙集和人工鱼群算法的农业无线传感器网络定位方法。首先信标节点相互通信，利用人工鱼群定位算法确定各自的估算位置；其次将信标节点间的无线信号强度作为条件属性，信标节点估算位置与实际位置的偏差作为决策属性，进行相应预处理后构建专家决策表，利用粗糙集理论的属性约简方法，删除冗余信息，仅保留了影响定位的重要信标节点；然后未知节点接收约简集中各信标节点的定位信息，应用人工鱼群定位算法确定未知节点的估算位置。

7.2 相关工作

无线传感器网络技术应用于精细农业信息获取与管理已成为一种趋势和必然，当今在无线传感器网络定位与监测方面有基于许多算法的构想与研究。

董丹丹等针对 WSN 在大规模农田种植监测领域中所面临的监测面积大、监测时间长、低功耗要求、地势复杂以及作物多样等问题，深入研究基于 DEEC 的等边三角形节点部署的负载均衡成簇协议 ETLB-DEEC（equilateral triangle load balancing-DEEC），采用等边三角形网格节点部署方式与网络分区，提出"孤儿节点"和"收容节点"的概念。在此基础上，设计了一种面向基站最短路径簇间多跳寻优机制，可找寻多条最短路径协议。仿真结果表明，改进的协议具备高效节省传感器节点数、实现全局网络负载均衡，提高网络能量利用率，延长 WSN 整体生命周期等功能和特点。

陈洪涛等为提高智慧农业中无线传感器目标定位的精度，采用改进四边测距算法。首先通过 4 个查询节点坐标构造与信标节点坐标的线性方程，为兼顾定位区域其他信标节点定位误差，对信标节点的坐标误差求均值；随后未知节点到信标节点的距离采用牛顿迭代求精；最后对邻居位置相对不集中的节点进行排除，并且给出了算法流程。试验仿真显示，在信标节点比例增加的情况下，该算法比其他算法的定位误差下降速度快，定位误差与其他算法间隔比较大，而且变化幅度较小，定位性能趋于稳定。

王立舒等针对现有精细农业传感器网络监测系统中的终端节点模块定位算法易陷入局部最优、定位精度低等缺陷，提出了一种改进无线传感器网络节点定位算法，针对大豆农田 ZigBee 无线网络终端节点进行定位，采用高斯数据筛选模型修正接收信号强度测量距离。同时，在标准粒子群算法基础上引入混合变异策略，运用混合策略中各个变异函数的优势在算法搜索过程中作用于种群，使粒子跳出局部最优，保证全局搜索遍历能力。大豆实验田试验表明：标准粒子群定位算法和混合变异粒子群定位算法的总体定位平均误差分别为 1.746 1m 和 1.1708 m，表明改进方法的定位精度更高。

徐春华等针对农业低成本定位需求，设计了一种基于无线传感器网络的农业定位系统，系统由定位平台和定位节点两部分构成，其中定位节点包括锚节点和移动节点。定位系统部署完成后，首先各锚节点向定位平台发送包含自身位置、节点 ID 的数据包，定位平台建立网络拓扑图和数据链表；然后移动节点向所有锚节点发出定位请求，接收并存储各锚节点的 RSSI 值；最后定位平台采集移动节点与各锚节点通信的 RSSI 值，并应用定位模型确定移动节点的估算位置。试验表明，该定位系统具有简单、易实现、定位效果好等特点。

陈晓燕等针对传统农业中种植者不能全面掌握农作物的生长状况，提出在农作物区放置无线传感器，传感器节点定位直接影响数据的采集，通过设计节点定位模型，将遗传算法引入到定位技术中，设计适应度函数、染色体编码、选择算子、交叉算子、变异算子。仿真实验表明：将遗传算法应用于无线传感器节点定位中，能更精确计算未知节点的坐标，更好地为农业服务。

章浩提出了节点定位问题是传感器网络进行目标识别、监控、跟踪等众多应用的前提，也是无线传感器网络重要支撑技术之一。随着"数字农业"的发展，无线传感器网络在农业工程中得到广泛应用。针对无线传感器资源有限及在农业工程中应用对定位算法要求，开展基于多维定标无线传感器网络定位算法研究具有理论意义和实用价值。该算法在现有计量多维定标和无线信号强度指示值的定位算法（MDS-RSSI）基础上，提出了非计量多维定标和无线信号强度指示值的定位算法（NMDS-RSSI: nonmetric multidimensional scaling-received signal strength indication）。NMDS-RSSI 定位算法直接对无线信号强度指示值运用非计量多维定标算法来重构节点坐标，取代了 MDS-RSSI 定位算法利用节点间的测距来重构节点坐标，这样省去了 MDS-RSSI 定位算法中必须先把无线信号强度转换为距离再进行定位所带来的计算误差和计算量。针对 NMDS-RSSI 定位算法采用集中式定位计算复杂度高、可扩展性差的缺陷，提出了分布式 NMDS-RSSI 定位算法。分布式 NMDS-RSSI 定位算法结合网络分簇的思想，先把网络中的节点通过分成不同的簇来进行局部定位，再由若干局部相对坐标图合并成全局相对坐标图，从而降低了定位算法的复杂度，增强了定位算法的可扩展性。在实际环境中由于多径、绕射、障碍物等因素会出现 RSSI 值的偏离情况，理论分析说明，定位算法中采用的非计量多维定标技术对此有一定的容忍性。从仿真实验和真实传感器节点上采集的 RSSI 值进行实验结果表明，NMDS-RSSI 算法对无线信号强度出现的这种不良特性具有较好的健壮性，取得了较好的定位效果。

针对如何合理选择参与定位的信标节点的问题，本章提出了一种融合粗糙集和人工鱼群算法的农业无线传感器网络定位方法。该方法主要包括信标节点定位、定位属性约简、未知节点定位 3 个阶段，通过剔出对定位结果不敏感的冗余信标节点，增强定位信息的互补性，有效提高定位算法的准确性。试验结果表明，该方法能较好地克服冗余信标节点对定位造成的负面影响，其计算复杂度和定位精度均优于人工鱼群算法。在相同节点布置方式和测距误差条件下，与遗传 BP 算法进行性能比较，两种算法的最大定位误差分别为 1.7653 m、2.3720 m，最小定位误差分别为 0.5201 m、1.1091 m，平均定位误差分别为 0.9591 m、1.4681 m，该方法的定位效果更为优越，在农业无线传感器网络定位服务中具有一定的应用价值。

7.3　预备知识

7.3.1　RSSI 测距原理

RSSI 测距利用接收信号强度和理论或经验的路径损耗模型计算距离，其统计模型如下：

$$\overline{p_r(d)} = p_r(d_0) - 10\beta\log\left(\frac{d}{d_0}\right) \tag{7-1}$$

式中，d_0 为参考距离，m；d 为接收端与发射端之间的距离，m；$\overline{p_r(d)}$ 为当距离为 d 时接收信号的平均功率，dBm；$p_r(d_0)$ 为在参考距离为 d_0 处的接收功率，dBm；β 为路径损耗指数，表征路径损耗随距离增长的速率。

测距时接收信号强度为

$$RSSI = p_r + G - \overline{p_r(d)} = \overline{p_r(d)} \tag{7-2}$$

式中，$\overline{p_r(d)}$ 为经过距离 d 后的接收信号强度，即 RSSI，dBm；P_t 为发送信号的功率，dBm；G 为天线增益，dBi；$\overline{p_L(d)}$ 为传输距离为 d 时的平均路径损耗，dB。

7.3.2　人工鱼群算法

在一片水域中，鱼往往能自行或尾随其他鱼找到营养物质多的地方，因而鱼生存数目最多的地方一般就是本水域中营养物质最多的地方，人工鱼群算法就是根据这一特点，通过构造人工鱼来模仿鱼群的觅食、聚群及追尾行为，从而实现寻优，以下是鱼的几种典型行为：

(1)觅食行为：一般情况下鱼在水中随机地自由游动，当发现食物时，则会向食物逐渐增多的方向快速游去。

(2)聚群行为：鱼在游动过程中为了保证自身的生存和躲避危害会自然地聚集成群，鱼聚群时所遵守的规则有三条：①分隔规则。尽量避免与邻近伙伴过于拥挤；②对准规则。尽量与邻近伙伴的平均方向一致；③内聚规则。尽量朝邻近伙伴的中心移动。

(3)追尾行为：当鱼群中的一条或几条鱼发现食物时，其邻近的伙伴会尾随其快速到达食物点。

(4)随机行为：单独的鱼在水中通常都是随机游动的，这是为了更大范围地寻找食物点或身边的伙伴。

7.4　定位方法

7.4.1　定位网络模型与算法流程

图 7-1 为定位模型原理图，无线传感器节点 $S = \{S_i \mid i = 1, 2, \cdots, m\}$ 随机部署在三维长方体空间区域内，各节点同构，且具有相同的计算能力。所有节点按功能分为信标节点和未知节点。前 n 个节点 $S_1(x_1, y_1)$、$S_2(x_2, y_2)$、$\cdots$、$S_n(x_n, y_n)$ 可以通过 GPS 等外部设备或确知的实际布置预先获取自身位置，作为信标节点；节点 $S_i(x_i, y_i)$（$n < i \leqslant m$）在网络中位置未知并且本身没有特殊的硬件设备可以获得自身信息，作为未知节点。为了问题讨论的一般性，做出如下假设：

(1)未知节点可以在区域内随意移动。

（2）信标节点的无线信号传播传输模型为理想球体。

（3）所有传感器节点时间严格同步，且能直接通信。

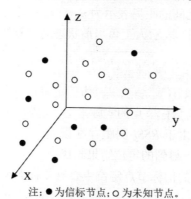

注：●为信标节点；○为未知节点。

图 7-1　定位模型原理图

定位过程中，首先，信标节点相互通信，获得对应的距离信息，利用人工鱼群算法对信标节点进行定位；然后，将信标节点间测量距离与相应定位误差处理后，构建定位专家决策表，利用粗糙集作为前置系统，对专家知识进行约简，得到属性约简集；最后，未知节点接收约简集中信标节点的定位信息，进而应用人工鱼群定位算法确定未知节点的估算位置。定位算法流程图如图 7-2 所示。

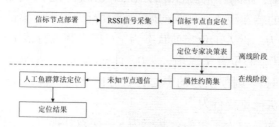

图 7-2　定位算法流程图

7.4.2　基于人工鱼群算法的信标节点定位

网络部署完成后，首先随机选择一个信标节点作为汇聚节点，各信标节点向汇聚节点发送包含自身位置的数据包，其次各信标节点相互通信，通过 RSSI 值计算彼此之间的测量距离，并上传至汇聚节点，然后汇聚节点应用人工鱼群定位算法估算各信标节点位置，并计算定位误差。人工鱼群算法是一种模拟鱼群行为的随机搜索优化算法，主要利用鱼的觅食、聚群行为，通过鱼群中各个体的局部寻优来实现全局寻优。相关符号定义如下：

（1）x_i 为第 i 条人工鱼的状态，维数为3，表示待定位信标节点所处的三维空间位置；人工鱼个体之间的距离表示为 $d_{ij} = \parallel x_i - x_j \parallel$；

（2）y 为目标函数值，表示人工鱼当前状态的食物浓度。

$$y = 1/\sum_{\substack{n-1 \\ j-1}} abs(\sqrt{(x_{i1} - x_j)^2 + (x_{i2} - y_j)^2 + (x_{i3} - z_j)^2} - d_j) \qquad (7-3)$$

式中，n 为信标节点总数，(x_{i1}, x_{i2}, x_{i3}) 为待定位信标节点的估计坐标，即人工鱼状态 x_i，(x_j, y_j, z_j) 为信标节点的实际坐标，d_j 为待定位信标节点和其他信标节点之间的测量距离。由于 RSSI 测距存在误差，定位问题本质是使误差最小化，则目标函数值越大，得到的定位结果越优。

基于人工鱼群算法的信标节点定位主要有4种典型的行为：觅食、聚群、追尾和随机行为。

（1）觅食行为。设人工鱼的当前状态为 x_i，在其视野范围内（$d_{ij} \leqslant visual$）随机选择一个状态 x_j，如果 $y_j > y_i$，则向该方向前进一步；反之，再重新选择状态，判断是否满足前进条件；反复 try_number 后，如果仍不满足前进条件，则随机移动一步。即

$$\begin{cases} x_{inext} = x_j & y_j > y_i \\ x_{inext} = rand[N(x_i, visual)] & \text{其他} \end{cases} \qquad (7-4)$$

式中，$rand[N(x_i, visual)]$ 为在 x_i 的 $visual$ 领域内随机选取一个新的状态。visual 为人工鱼的感知距离；try_number 为觅食行为中重复尝试的次数。

（2）聚群行为。设人工鱼当前状态为 x_i，探索其视野范围内（$d_{ij} \leqslant visual$）的伙伴数目 n_f 及其中心位置 x_c。当 $n_f \neq 0$，且 $y_c/n_f > \delta_{yj}$，表明伙伴中心有较多的食物并且不太拥挤，则朝伙伴的中心位置方向前进一步，否则执行觅食行为；如果 $n_f = 0$，也执行觅食行为。

（3）追尾行为。设人工鱼当前状态为 x_i，探索其视野范围内（$d_{ij} \leqslant visual$）的伙伴中 y_j 为最大的伙伴 x_{max}。如果 $y_{max}/n_f > \delta_{yi}$（$\delta$ 为人工鱼的拥挤度因子），表明伙伴 x_{max} 的状态具有较高的食物浓度并且其周围不太拥挤，则朝伙伴 x_{max} 的方向前进一步；否则执行觅食行为。

（4）随机行为。该行为就是在视野范围内随机选择一个状态，然后向该方向移动，属于觅食行为的一个缺省行为。

根据定位问题求取极值的性质，采用试探法执行聚群、追尾等行为，然后评价行动后的值，选择其中的最大者来实际执行，缺省的行为方式为觅食行为。在人工鱼群定位算法中设立一个公告板，用以记录最优人工鱼个体状态及该人工鱼位置的食物浓度值。每条人工鱼在行动一次后，就将自身当前状态的

食物浓度与公告板进行比较，如果优于公告板，则用自身状态取代公告板状态。

7.4.3　基于粗糙集的定位属性约简

粗糙集理论是基于不可分辨性的思想和知识简化的方法，在保持分类能力不变的情况下，通过知识约简，从数据中推理逻辑规则作为知识系统的模型。粗糙集能有效地分析和处理不精确、不完整等各种定性、定量或者混合性的不完备信息，从中发现隐含的知识，揭示潜在的规律。基于粗糙集的定位属性约简是将信标节点定位过程中获取的节点间测量距离与相应定位误差离散化处理后，分别作为条件属性和决策属性构建定位专家决策表，在不丢失信息的前提下，对专家决策表进行约简，得到决策属性对条件属性集合关联性的最简形式，即对定位精度有显著影响信标节点的集合。

（1）连续属性离散化粗糙集理论只能处理离散型属性，因此，在属性约简处理之前，需要对定位数据进行离散处理。本章采用 K-means 聚类方法对连续属性离散化。具体方法是按决策表的条件属性逐个进行聚类分析，对各属性下的聚类结果按升序排序，将相应的聚类类别作为其离散值，其中各信标节点至自身的测量距离为零，无需参与聚类，直接赋以最小类别值。K-means 聚类算法是以欧氏距离作为相异性测度，求对应某一初始簇中心向量最优分类，使得聚类准则函数 E 值最小。其中 $E = \sum\limits_{i=1}^{k} \sum\limits_{x_i \in c_j} \| x_i - c_i \|^2$，$C_j$ 为划分的类簇；x_i 为簇 C_i 中的数据点；C_i 为簇 C_i 的均值，k 为簇的类别数[8-10]。K-means聚类算法的算法流程：

输入：待分类对象 $X = \{x_1, x_2, \cdots, x_n\}$，聚类数目 k

输出：k 个类簇 C_j，$j = 1, 2, \cdots, k$

Step1：随机指定 k 个簇中心 $\{m_1, m_2, \cdots, m_k\}$；

Step2：对于每一个数据点 x_i，找到离它最近的簇中心，并将其分配到该类；

Step3：重新计算各簇中心 $m_i = \dfrac{1}{N_i} \sum\limits_{j=1}^{N_i} x_{ij}$，$i = 1, 2, \cdots, k$；

Step4：计算聚类准则函数 $E = \sum\limits_{i=1}^{k} \sum\limits_{x_i \in c_j} \| x_i - c_i \|^2$；

Step5：如果 E 值收敛，则返回 $\{m_1, m_2, \cdots, m_k\}$，算法终止；否则转 Step2。

（2）构建专家决策表。离散化后的专家知识可表达为 $S = (U, A, V, f)$，式中 S 为农业无线传感器网络定位专家知识。$U = \{x_1, x_2, \cdots, x_n\}$ 为论域，对应信标节点定位对象集；$A = C \cup D$ 为属性集合，$C \cap D = \varnothing$，$C = \{c_k, k = 1, 2, \cdots,$

$m\}$ 是条件属性集，对应各信标节点至其他信标节点测量距离属性集；$D=\{d\}$ 是决策属性集，对应信标节点定位误差属性值；V 为全体属性值域的集合；f 为信息函数，即确定 U 中每一个对象在各个属性下的取值。

(3)属性约简。属性约简是在保持专家知识库分类能力不变的条件下，删除其中不重要或不相关的属性。应用基于 *Skowron* 差别矩阵和属性选择的约简算法来实现决策表的约简。具体算法如下：①通过式(7-5)，求差别矩阵 $M_{n×n}$，列出 $M_{n×n}=(c_{ij})_{n×n}$ 的下三角矩阵，其中 $i,j=1,2,\cdots,n$；②计算决策表的相对核 $CORED(C)$，令 $B=CORED(C)$；③对任意 $c_{ij},(i,j=1,2,\cdots,n)$ 如果 $c_{ij}\cap B\neq\varnothing$，则 $c_{ij}=\varnothing$；④对任意 $c_{ij},(i,j=1,2,\cdots,n)$ 如果都有 $c_{ij}=\varnothing$，则转到步骤⑥，否则转到步骤⑤；⑤统计当前矩阵 $M_{n×n}$ 中每个属性出现的次数，选取出现次数最多的元素为 am，令 $B=B\cup\{am\}$，转到步骤③；⑥输出 B 即为所求约简，其数学含义为决策属性对条件属性集合依赖性的最简形式。

$$c_{ij}=\begin{cases} \{a\mid(a\in C)^{\wedge}(f_a(x_i)\neq f_a(x_j))\},f_D(x_i)\neq f_D(x_i) \\ \varnothing,f_D(x_i)\neq f_D(x_i)^{\wedge}f_C(x_i)=f_C(x_i) \\ -,f_D(x_i)=f_D(x_i) \end{cases} \tag{7-5}$$

7.4.4 未知节点定位

定位属性约简完成后，未知节点接收约简集中的信标节点的广播信息，获得相应的 *RSSI* 值，通过式(7-1)计算得到未知节点与相应信标节点之间的测量距离，并上传至汇聚节点，然后利用人工鱼群定位算法确定未知节点的估算位置。

7.5 仿真与试验

为了检验算法的性能，采用 MATLAB 软件建立仿真平台模拟农业无线传感器网络定位系统。仿真场景设定如下：①试验三维区域为 100 m×50 m×20 m；②节点总数量为 40 个，其中 20 个为信标节点；③信标节点的发射信号功率 P_t 为 30 dBm，参考距离 d_0 为 20 m，发射天线增益 G_t、接收天线增益 G_r 均为 1 dBi，路径损耗指数 β 为 2；④人工鱼个数 $R=50$，拥挤度因子 $\delta=0.618$，重复尝试次数 try_number=50，簇的类别数 $k=4$；⑤定位结果均为相同参数下仿真 100 次所得到结果的平均值；⑥为模拟实际环境对 *RSSI* 测距的影响，根据节点分布位置计算相应的接收信号强度，在此基础上增加零均值高斯随机变量 λ 作为环境干扰，然后将该接收信号强度作为 *RSSI* 值求出测量距离。定位误差是衡量算法准确性的主要标准，定位误差定义为未知节点的实际位置与其估算位置间的欧式距离，即：

$$\varepsilon = \sqrt{(x_i - x_e)^2 + (y_i - y_e)^2} \qquad (7-6)$$

式中，(x_i, y_i) 为实际位置；(x_e, y_e) 为估算位置。

感知距离 *visual* 对人工鱼群算法中各种行为和收敛性能有较大影响。若感知距离较大，则人工鱼的全局搜索能力强并能快速收敛；若感知距离较小，则人工鱼的局部搜索能力强。图 7-3 描述了高斯随机变量 $λ = N(0, 9)$ 时，感知距离 *visual* 对平均定位误差的影响，可以看出，当 *visual* $\in [0.5, 3.5]$ 时，平均定位误差较大，其均值达到 5.9473 m；当 *visual* $\in (3.5, 5]$ 时，平均定位误差迅速下降，且 *visual* ≥4.5 时，平均定位误差基本保持不变，其均值为 0.7678 m。因此，选取算法的感知距离 *visual* 为 4.75。

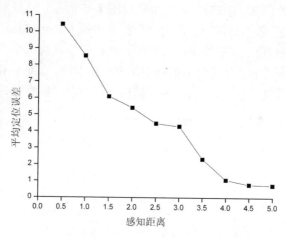

图 7-3　感知距离 *visual* 对平均定位误差的影响

模拟实际定位过程节点受到恶意攻击或农业复杂环境因素的干扰，增加不同的高斯随机变量进行定位测试，定位结果如图 7-4 所示，可以看出随着高斯随机变量标准差数值的提高，定位误差呈逐渐增大趋势，高斯随机变量为 $N(0, 10)$、$N(0, 20)$、$N(0, 30)$ 时的定位误差均值分别等于 0.7753 m、1.1756 m、2.2192 m，最大定位误差为试验三维区域对角线长度的 2.8417%，表明本章提出的定位算法对测距误差并不敏感，环境干扰鲁棒性强，定位精度能够满足多数农业无线传感器网络应用研究的需求。

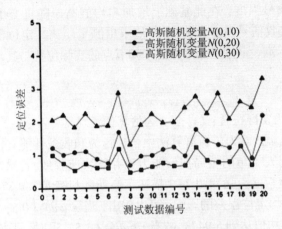

图 7-4　高斯随机变量对定位误差的影响

在相同仿真条件下比较本章提出的定位算法与人工鱼群算法的定位效果，取高斯随机变量 $\lambda = N(0, 25)$，定位结果如图 7-5 所示，可以看出当人工鱼群定位算法出现误差较大情况时，采用融合粗糙集和人工鱼群算法的定位方法可以有效提高定位精度，误差补偿效果显著。两种定位算法的平均定位误差分别为 1.6052 m、2.0688 m，表明利用粗糙集作为前置系统，能够简化定位知识表达空间维数，获取影响定位结果的最主要信标节点信息，有效提高定位精度。

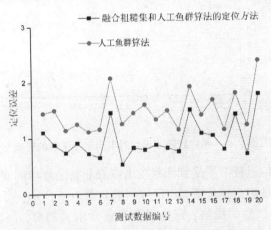

注：RS—粗糙集；AFSA—人工鱼群算法

图 7-5　定位误差比较

在相同节点布置方式情况下，取高斯随机变量 $\lambda = N(0, 15)$，对比本章提出的定位算法与遗传 BP 算法的定位性能，遗传 BP 算法参数设置：输入节点数为 20，输出节点数为 3，种群数目为 20，进化次数为 40，变异概率为 0.2，交叉概率为 0.4，激活函数采用 *Sigmoid* 函数，仿真结果如图 7-6 所示。两种定位算法的平均定位误差分别为 0.9591 m、1.4681 m，表明本章提出的定位算法性能更为优越。

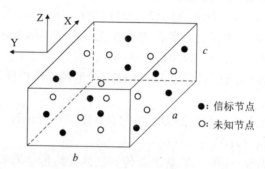

注：BP—反向传播

图 7-6　定位性能比较

7.6　本章小结

本章提出一种融合粗糙集和人工鱼群算法的农业无线传感器网络定位方法，利用人工鱼群算法对信标节点进行定位，将信标节点间的无线信号强度作为条件属性，信标节点估算位置与实际位置的偏差作为决策属性，构建专家决策表，应用基于 Skowron 差别矩阵和属性选择的约简算法实现决策表的约简，未知节点接收约简集中信标节点的定位信息确定未知节点估算位置。通过仿真试验分析其在节点定位问题中的性能，得出如下结论：

（1）该算法能够较好地克服环境因素对定位造成的负面影响，合理选择对定位结果比较敏感的关键信标节点，有效提高了定位精度，在农业无线传感器网络定位应用中具有一定的价值。

（2）较大的感知距离 *visual* 可以扩大增强人工鱼的全局搜索能力，有利于发现全局最优解，使平均定位误差保持理想的水平。

（3）测距误差对定位效果的影响不显著，表明该算法能在很大程度上弥补环境影响所造成的定位误差，具有良好的鲁棒性。

参考文献

[1]董丹丹，刘波峰，董曦，等.基于 ETLB-DEEC 的精细农业无线传感器网络研究[J].传感技术学报，2017，30(12)：1918-1924.

[2]陈洪涛，孙云娟.基于改进四边测距算法的智慧农业无线传感器精确定位[J].江苏农业科学，2017，45(17)：234-237.

[3]王立舒，张丽影，张智文，等.精细农业无线传感器网络终端节点定位研究[J].农机化研究，2017，39(01)：43-46.

[4]张丽影.精准农业无线传感器网络节点定位监测系统设计[D].哈尔滨：东北农业大学，2016.

[5]徐春华，王俊.基于无线传感器网络的农业定位系统设计与实现[J].现代电子技术，2016，39(07)：10-14.

[6]陈晓燕，姚高伟，张鲲，等.基于遗传算法的无线传感器节点定位在农业的应用[J].软件，2015，36(04)：1-5.

[7]章浩.无线传感器网络中节点定位及其在农业上的应用[D].镇江：江苏大学，2007.

[8]孔锐，张国宣，施泽生，等.基于核的 K-均值聚类[J].计算机工程，2004，30(11)：12-13，80.

[9]卫俊霞，相里斌，高晓惠，等.基于 K-均值聚类与夹角余弦法的多光谱分类算法[J].光谱学与光谱分析，2011，31(5)：1357-1360.

[10]李霞，邵春福，曹鹏.基于快速 K 均值聚类的经济水平与货运量模型[J].吉林大学学报(工学版)，2008，38(5)：1040-1043.

[11]蒙韧，徐章艳，杨炳儒.基于 Skowron 差别矩阵属性约简的矩阵表示[J].计算机工程，2010，36(17)：54-56.

[12]黄国顺.基于元素约简的决策表属性约简算法[J].计算机工程与应用，2007，43(24)：162-165.

第8章 基于信标节点漂移检测的无线传感器网络定位方法

8.1 引言

无线传感器网络是部署在监测区域内大量的静止或移动的传感器节点以自组织和多跳的方式构成的网络系统，传感器节点间相互协作地感知、采集和处理网络覆盖区域中监测对象的信息，并发送给观察者。无线传感器网络不需要任何固定网络支持，具有快速展开、抗毁性强、工作生命周期长等特点，在复杂的大范围监测和追踪任务领域具有广泛的应用前景。

在实际应用中，由于无线传感器网络的节点数目通常十分庞大，且节点往往随机部署，难以在部署时逐一测量每个节点的位置。而节点的位置对于监测信息的获取至关重要，主要原因在于以下两点：节点位置信息准确与否直接关系到所采集数据的有效性；基于地理位置路由协议实现路由的发现、维护和数据转发的前提是获取节点位置信息。获得节点位置的直接方法是使用全球定位系统(global positioning system，GPS)，但是受到成本、体积、功耗、布置环境等诸多因素制约，实际应用每个节点均配置 GPS 接收器并不现实，因此对无线传感器网络节点定位技术的研究非常有必要。

根据定位机制，无线传感器网络定位算法通常可以分为基于非测距技术的定位算法和基于测距的定位算法。其中基于非测距技术的定位算法仅根据网络连通关系实现估算式的模糊定位，受环境因素影响小，但定位精度较低，且对锚节点的密度要求较高。而基于测距的定位算法需要测量相邻节点间的实际距离或方位计算未知节点位置，定位精度较高。因此，在对节点位置精度要求较高的应用场合通常使用基于测距的定位算法，而其定位精度在很大程度上取决于信标节点和未知节点之间的距离估计。

在传统的静态无线传感器网络中，信标节点作为定位的基础，一般假设所有信标节点都是静止不动且定位性能保持稳定，然而由于存在各种不确定的自然、人为因素或恶意的定位攻击，在实际应用中信标节点有可能发生意外的移动或定位性能剧烈波动，称为"漂移"。对于此类情况，通过周期方式对信标节点重新定位就能够修正漂移引起的定位偏差。实际监测区域内的信标节点通常采用预先设置方法，当部署完成后信标节点向汇聚节点上传包含自身节点ID、位置的数据包，并与未知节点通信。这种情况下一旦信标节点发生漂移，重定位过程将会使位置偏差进一步扩散，影响整个网络的服务质量。因此，研究信标节点漂移情况下的无线传感器网络定位问题，具有很高的理论价值和应用价值。

8.2　相关工作

　　针对节点漂移检测问题，Kuo等提出信标移动检测算法（beacon movement detection，BMD）用于识别网络中的位置发生被动改变的信标节点，其基本思想为，在网络中设置一个BMD引擎来收集全网络的RSSI（Received Signal Strength Indication）信息并进行处理。该方法在一定容错范围内能够判断出信标节点的移动。BMD模型本质上是一个集中式的求解NP完全问题的算法，而求解NP完全问题的启发式算法存在运算速度和运算结果精确度之间的矛盾。Garg等采用排除在节点位置计算过程中提供了较大的下降梯度的信标节点，来提高定位可信性，但没有考虑普通节点的位置参考作用，不适用于信标稀疏的网络，且存在计算量较大的问题。Mao等提出基于信誉模型的分布式轻量级节点位置验证方法，通过综合普通节点和信标节点的相对位置观测结果，充分考虑不同类型节点的观测可靠度，利用信誉指标识别发生漂移的普通节点和不可信的信标节点，但相比于只通过信标节点作为判别依据的算法，算法复杂度较高。Zhao等提出基于协商评分机制的信标节点漂移检测算法，自动寻找可能发生漂移的节点，该算法的分布式计算特性降低了通信开销和节点能耗，但分布式算法在运行过程中随机性较强，直接影响漂移检测的准确率。

　　目前，在信标节点漂移情况下的节点重定位方面的直接研究较少。Jin等提出基于极大似然估计定位技术的恢复定位精度定位算法，采用最佳噪声误差校验参与定位估计的信标节点，该算法能有效降低漂移所造成的错误定位，恢复原来的极大似然估计定位技术。Ye等提出一种安全定位算法AtLoc，以方差的无偏估计为安全性检验依据，采用随机方法找出一个最小安全参照集，在此基础上, 利用基于最小安全参照集的预测残差为依据逐个检查剩余参照点是否异常, 从而提高了定位系统容忍漂移的能力。Luo 等运用梯度下降法和异常检测技术, 通过滤除漂移的数据, 实现了高精度的定位。仿真结果表明, 该算法能达到预期的效果, 能够利用较少的计算资源获得较好的定位性能。上述研究对节点重定位问题的探索起到了一定的推动与借鉴作用。

8.3　预备知识

8.3.1　无线信号传输模型

无线信号是一种电磁波信号, 考虑各向同性球面波的接收信号强度值(received signal strength indicator), 单位为 dBm, 其在传播过程中会被传播介质吸收部分能量, 强度会随距离成指数衰减。常用的无线信号传播路径损耗模型有: 自由空间传播模型、双线地面反射模型和对数距离路径损耗模型, 其中对数距离路径损耗模型的使用最为广泛。对数距离路径损耗模型由两部分组成, 第一个是 pass loss 模型, 该模型能够预测当距离为 d 时接收信号功率, 表示为 $\overline{P_r(d)}$, 使用接近中心的距离 d_0 作为参考, $P_r(d_0)$ 是在参考距离为 d_0 处的接收功率, 可测量获得或已知。$\overline{P_r(d)}$ 相对于 $P_r(d_0)$ 的计算如下:

$$\frac{P_r(d_0)}{\overline{P_r(d)}} = \left(\frac{d}{d_0}\right)^{\beta} \tag{8-1}$$

其中, β 是路径损耗指数(pass loss 指数), 通常由实际测量得来的经验值, 反映路径损耗随距离增长的速率。β 主要取决于无线信号传播的环境, 即在空气中的衰减、反射、多径效应等复杂干扰。pass loss 模型通常以 dB 作为计量单位, 其表达式为

$$\frac{\overline{P_r(d)}}{P_r(d_0)} = -10\beta \log\left(\frac{d}{d_0}\right) \tag{8-2}$$

对数距离路径损耗模型的第二部分为满足高斯分布的随机变量 $X_{dB}(0, \sigma^2)$, 反映了当距离一定时, 由于噪声干扰, 导致接收功率的变化。因此, 对数距离路径损耗模型表达式为

$$\overline{P_r(d)} = P_r(d) - 10\beta \log \frac{d}{d_0} + X_{dB} \tag{8-3}$$

此时 RSSI 符合以实际值为期望，σ 为标准差的正态分布，即 $\overline{P_r(d)} \sim N\left[P_r(d_0) - 10\beta\log\dfrac{d}{d_0}, \sigma^2\right]$。

8.3.2 信标节点漂移检测方法

1.网络模型

图 8-1 为网络模型原理图，一组无线传感器节点 $S = \{S_i | i = 1, 2, \cdots, M\}$ 随机部署在三维区域（$a \times b \times c$）内，各节点均为同构节点，其信息传播范围是一个以自身实际位置为中心、R 为半径的圆，即节点的通信半径为 R（R 大于区域的对角线 L）。所有节点按其在定位系统中的功能分为信标节点和未知节点。前 n 个节点 $S_1(x_1, y_1)$、$S_2(x_2, y_2)$、$\cdots$、$S_n(x_n, y_n)$ 可以通过 GPS 等外部设备或确知的实际布置预先获取自身位置，作为信标节点；节点 $S_i(x_i, y_i)$（$n < i \leq M$）在网络中位置未知并且本身没有特殊的硬件设备可以获得自身信息，作为未知节点。为了讨论方便，作出如下假设：

（1）每个传感器节点具有唯一的 ID。

（2）空间无线信号传输模型为理想的球体。

（3）所有传感器节点同构，电量和计算能力相同。

（4）所有节点是时间同步的，且能直接通信。

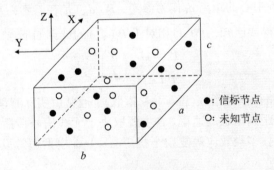

图 8-1　网络模型原理图

网络中信标节点漂移的过程如图 8-2 所示，定位一段时间后，信标节点 A 发生了漂移，节点之间的邻居关系也随之发生了变化，但信标节点 A' 广播位置的信息并未发生变化。

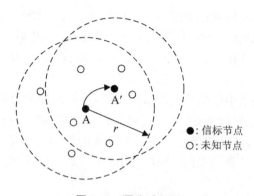

图 8-2　漂移过程图

　　一个信标节点位置信息的可靠性可以用它与其余信标节点的 RSSI 变化程度来进行描述，变化程度越大，则它与其余信标节点的相对运动越剧烈，它越可能发生了漂移。当网络部署完成后，各信标节点彼此之间相互通信，根据节点判别机制对自身进行评判以衡量其发生漂移的可能性，如果偏差低于阈值，则标记为未漂移信标节点，否则标记为漂移信标节点。

　　将漂移信标节点从参与定位的信标集合中排除。随着时间的推移，无线传感器网络中发生漂移的信标节点可能会越来越多，而可用的信标节点数量会越来越少，将直接影响未知节点的定位精度，为防止这种情况的发生，每次节点判别之后应对漂移信标节点进行位置更新，可以直接视其为未知节点进行重新定位，并将估计位置作为其新的自身位置。

2. 节点判别机制

　　本章采用基于 RSSI 相似度的信标节点漂移判别机制。信标节点当前位置可靠性的判别标准依靠它与其余信标节点的 RSSI 在一段时间内的近似程度，相似程度越高，说明 RSSI 无显著变化的信标节点越多，其可靠性就越高，反之相似程度越低，其可靠性就越低。

　　定义 1　t_1 时刻无线传感器网络中的信标节点按 ID 编号顺序采样的一系列与其余信标节点通信 RSSI 数据的集合，记为 $(S, t_1) = [r_1, r_2, \cdots, r_n]$。其中 n 为信标节点总数，信标节点自身 ID 所对应的 RSSI 记为 1。

　　定义 2　$(S, t_1), (S, t_2), \cdots, (S, t_n)$ 为具有固定时间间隔的 RSSI 数据的集合。其中 (S, t_i) 表示在 t_i 时刻信标节点采样的一系列与其余信标节点通信 RSSI 数据的集合为 S。

　　定义 3　相邻采样时刻，信标节点 RSSI 相似度函数表达式为

$$Gsim\left[(S, t_i), (S, t_{i+1})\right] = \sum_{j=1}^{n} \left(1 - \frac{\left|(S, t_i)_j - (S, t_{i+1})_j\right|}{\left|(S, t_i)_j - (S, t_{i+1})_j + m_j\right|}\right) n \quad (8\text{-}4)$$

式中，$(S, t_i)_j$ 为 t_i 时刻信标节点与其余信标节点通信 RSSI 数据集合的第 j 维；$(S, t_{i+1})_j$ 为 t_{i+1} 时刻信标节点与其余信标节点通信 RSSI 数据集合的第 j 维；m_j 表示第 j 维上 (S, t_i) 和 (S, t_{i+1}) 平均值的绝对值；$Gsim \in [0, 1]$；n 为信标节点的总数。

无线传感器网络中信标节点的 RSSI 相似度时间序列可看作是一个以采样时间间隔 t 为自变量、以 RSSI 相似度值 $Gsim$ 为因变量的函数。如果各时间点的 RSSI 相似度值以线性规律分布在一条直线的周围，且该直线段是通过一元线性回归模型方法计算出来的，则称为 RSSI 相似度时间序列的一元线性拟合回归线。

考虑回归函数为 t 的线性函数，因而

$$d' = \beta_0 + \beta_1 t \tag{8-5}$$

式中，t 为采样时间点；β_0 为该直线的截距；β_1 为该直线的斜率；d' 为采样时间点 t 所对应的拟合值。分析时间序列中包含的动态线性关系，根据最小二乘法拟合出一元线性回归模型中的参数。β_1 的值通过式(8-6)计算可得。

$$\beta_1 = \frac{\sum_{i=1}^{n} (t_i - \bar{t})(d_i - \bar{d})}{\sum_{i=1}^{n} (t_i - \bar{t})^2} \tag{8-6}$$

式中，$\bar{t}$ 为时间段的平均值；$\bar{d}$ 为时间段内信标节点的 RSSI 相似度平均值。根据 β_1 的值，可以进一步推算 β_0 的值。

$$\beta_0 = \bar{d} - \beta_1 \bar{t} \tag{8-7}$$

通过 β_1 值的大小，可以判断数据变化的剧烈程度。如果 RSSI 相似度时间序列拟合回归线上的 $t_i (i=1, 2, \cdots, n-1)$ 时刻拟合值 d'_i 和 RSSI 采样值 d_i 之间的差值 $|d_i - d'_i| < \varepsilon$，则认为该信标节点未发生漂移，否则判定该信标节点发生了漂移。对于不同的网络，可以通过经验值或实际测量设置阈值 ε。

8.4　未知节点定位方法

8.4.1　算法描述

未知节点通过与各信标节点通信,估测其与各信标节点间的距离,然后使用一定的计算方法得到自身的估计位置,由于通常情况下信标节点部署密度一般比较大,所以定位数据往往表现为高维性。本章利用核主成分分析方法(kernal principal component analysis,KPCA)对原先 RSSI 定位数据进行重新构造,通过数据降维和去相关处理,删除部分主成分,提取主要的定位特征数据,有效消除冗余信息和多重共线性对回归精度、稳定性的影响,同时结合 PSO-BP 神经网络对定位特征信息与未知节点坐标间的非线性关系进行建模,构造定位模型。虚拟网络模型图如图 8-3 所示。

每次节点判别完成后,在信标集合随机选取一个信标节点作为汇聚节点,汇聚节点将立方体区域以 $\dfrac{a}{L} \times \dfrac{b}{L} \times \dfrac{c}{L}$, $L \in Z^+$ 的虚拟网格进行划分,网格顶点记为 $K_j [j = 1, 2, \cdots, (L+1)^3]$。设各信标节点与某未知节点之间的实际距离为 d_i,则 d_i 可以组成距离向量 $T = [d_1, d_2, \cdots, d_n]$,可以证明未知节点坐标与距离向量 T 之间存在一对一的非线性映射关系。该算法首先获得网格顶点至各信标节点的理论距离,并组成对应的距离向量;然后采用核主成分分析方法对距离向量组进行分析,消除数据相关性,提取包含定位信息的主成分,降低样本空间的维数;最后将提取的非线性主成分特征向量作为输入样本,将网格顶点的位置坐标作为输出样本,训练 PSO-BP 神经网络,得到定位模型,进而应用于定位区域中未知节点的位置估算。

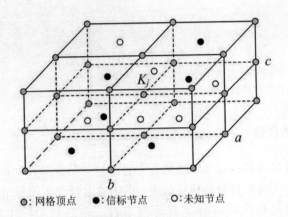

●：网格顶点　●：信标节点　○：未知节点

图 8-3　虚拟网格模型图

8.4.2　核主成分特征提取

核主元分析方法是一种非线性特征提取方法，通过事先选择的非线性映射将输入矢量映射到一个高维特征空间，以获得更好的线性可分性能，然后对高维空间中的映射数据进行线性主元分析，从而得到数据的非线性主元。对于给定的定位样本数据集合 $X_K \in R^m$，$(k=1, 2, \cdots, N)$ 且 $N=(L+1)^3$，由非线性函数 $\varphi(\cdot)$ 将输入数据从原空间 R^m 映射到高维特征空间 F，特征空间 F 的维数可以任意大，并假定在 F 中，$\sum_{i=1}^{N} \varphi(x_i) = 0$，则映射数据的协方差矩阵表示为

$$C^F = \frac{1}{N} \sum_{i=1}^{n} \varphi(x_i) \varphi(x_i)^T \qquad (8-8)$$

对映射数据进行主元分析，相当于对矩阵 C^F 作特征矢量分析，即

$$\lambda v = C^F v \qquad (8-9)$$

式中，特征值 $\lambda \geqslant 0$，由式(8-8) $C^F v$ 可表示为

$$C^F v = [\frac{1}{N} \sum_{i=1}^{n} \varphi(x_i) \varphi(x_i)^T] v = \frac{1}{N} \sum_{i=1}^{n} [\varphi(x_i), v] \varphi(x_i) \qquad (8-10)$$

由于特征矢量 v 可由特征空间的向量组成，即存在 a_i 使得

$$v = \sum_{i=1}^{n} a_i \varphi(x_i) \qquad (8-11)$$

由式(8-9)~(8-11)可得

$$\lambda \sum_{i=1}^{n} a_i \varphi(x_i) = \frac{1}{N} \sum_{i=1}^{n} a_i \sum_{i=1}^{n} [\varphi(x_j), \varphi(x_i)] \varphi(x_j) \qquad (8-12)$$

式(8-12)两边左乘 $\varphi(x_k)$，可得

$$\lambda \sum_{i=1}^{n} a_i \left[\varphi(x_k), \varphi(x_i) \right] = \frac{1}{N} \sum_{i=1}^{n} a_i \sum_{j=1}^{n} \left[\varphi(x_k), \varphi(x_j) \right] \left[\varphi(x_j), \varphi(x_i) \right]$$

$$(8-13)$$

式中，$K = 1, 2, \cdots, N$。

定义 $N \times N$ 的矩阵 K 为

$$K_{ij} = K(x_i, x_j) = \left[\varphi(x_i), \varphi(x_j) \right] \tag{8-14}$$

则式(8-13)简化为

$$N\lambda a = Ka \tag{8-15}$$

式中，$a = [a_1, a_2, \cdots, a_N]^T$，从上述分析中可以看出，在特征空间 F 中进行主元分析即相当于求解式(8-15)，取其特征值 $\lambda_1 \geqslant \lambda_2 \geqslant \cdots \geqslant \lambda_N$ 和特征向量 $a_1, a_2, \cdots, a_N$，则由式(8-11)可得到映射数据协方差矩阵的特征向量 ν。

主元数量的选择依据规则

$$\left(\sum_{k=1}^{m} \lambda_k \sum_{i=1}^{n} \lambda_i \right) \geqslant E \tag{8-16}$$

式中，E 为累积贡献率，即前 m 个特征值之和与特征值总和的比值大于 E。为保证特征提取后能够包含更多的定位特征信息，选取 $E \geqslant 0.95$。

8.4.3 PSO-BP 神经网络定位算法

PSO 算法具有全局随机搜索最优解和梯度下降局部细致搜索的特点，并且具有较快的收敛速度。本章采用 PSO 算法来优化 BP 神经网络的权值阈值。该算法基于群体迭代，群体在解空间中追随最优粒子进行搜索。将提取得到的主成分特征向量作为输入样本，网格顶点的位置坐标作为输出样本，训练 PSO-BP 神经网络，建立定位模型。

粒子速度和位置更新规则表达式为

$$v_{id}(t+1) = w \cdot v_{id}(t) + c_1 rand()\left[p_{id}(t) - x_{id}(t) \right]$$
$$+ c_2 rand()\left[p_{gd}(t) - x_{id}(t) \right]$$

$$(8-17)$$

$$x_{id}(t+1) = x_{id}(t) + v_{id}(t+1) \tag{8-18}$$

式中，$v_{id}(t+1)$ 为第 i 个粒子在 $t+1$ 次迭代中第 d 维上的速度；$p_{id}(t)$ 为第 i 粒子在 t 次迭代中的个体最优解，$p_{gd}(t)$ 为在 t 次迭代中整个粒子群的最优解，x_{id} 为第 i 个粒子的第 d 维，c_1、c_2 为加速常数，$rand()$ 为 $0 \sim 1$ 的随机数；w 为惯性权重。

PSO-BP 神经网络模型的算法如下：

(1)初始化 BP 神经网络的权值和阈值。用 $x_i = (x_{i1}, x_{i2}, \cdots, x_{id})$ 表示 1 个粒子，向量中的每维表示权值或阈值的大小，d 为 BP 神经网络中的所有权值和阈值总和，$d = r \times p + p + p \times s + s$，其中 r、p、s 分别为 BP 神经网络的输入层节点数、隐含层节点数和输出层节点数。

(2)设置粒子群参数。初始化惯性权重 w 的最大值和最小值，加速常数 c_1 和 c_2 的值，给出粒子群规模 R 和最大迭代次数 M 等参数。

(3)计算各粒子的适应度，即对于每一个粒子，计算所有样本按照 BP 网络前向方向的实际输出值，求解均方误差。

(4)对每个粒子，比较它的适应度值和它经历过的最好位置 P_{id} 的适应度值，如果更好，更新 P_{id}；对每个粒子，比较它的适应度值和群体所经历过的最好位置 P_{gd} 的适应度值，如果更好，更新 P_{gd}。

(5)根据式(8-17)和式(8-18)更新每个粒子的速度和位置；

(6)如果算法满足收敛准则或达到最大迭代次数，则退出 PSO 算法，进入步骤(7)，否则返回步骤(3)。

(7)利用 BP 算法继续训练神经网络，如果训练结果优于 PSO 训练结果，输出 BP 神经网络，否则输出 PSO 训练的神经网络。

8.5　实验与仿真

为了检验算法的性能，对所提出的定位算法进行了仿真试验。仿真场景设定如下：①试验三维区域为 100 m×100 m×50 m；②节点总数为 100 个，信标节点最大的漂移距离为 20 m；③未知节点与信标节点的发射信号强度 P_t 为 30 dBm，参考距离 d_0 为 20 m，发射天线增益 G_t、接收天线增益 G_r 为 1dBi，路径损耗指数 n 为 2。

衡量信标节点漂移判别算法的两个性能指标为：成功率（$\text{Num}(B_M \cap B_{MD})/\text{Num}(B_M)$）和误判率（$\text{Num}((U - B_M) \cap B_{MD})/\text{Num}(B_M)$）。其中，$B_M$ 为实际发生漂移的信标节点集合，B_{MD} 为判别为漂移的信标节点集合，U 为所有信标节点的集合。成功率为被正确判别为漂移信标节点的数目与实际漂移信标节点数目的比值，错误率为错误判别为漂移信标节点的数目与实际漂移节点数目的比值。

衡量定位算法精确性的标准为定位误差，定位误差定义为未知节点经定位算法的估算坐标位置与其实际坐标位置间的距离 $\sqrt{(x_i - x_e)^2 + (y_i - y_e)^2 + (z_i - z_e)^2}$，其中估算坐标位置为 (x_e, y_e, z_e)，实际坐标位置为 (x_i, y_i, z_i)。

8.5.1　信标节点漂移判别算法仿真试验

判别某一信标节点是否发生漂移是通过分析它与其余信标节点的 RSSI 在一段时间内的近似程度来解决，且只有 RSSI 相似度时间序列拟合回归线上的拟合值和实际值之间的差值大于阈值，才判定它发生了漂移，所以选取合理的阈值至关重要。通过多次试验，阈值的范围在 0.5 左右，选取在 0.5 附近的值进行仿真，RSSI 数据集合的元素个数为 10。从图 8-4 中可以看出，随着阈值的减小，信标节点漂移判别算法的成功率在不断地上升，但同时误判率也在不断地增大。阈值越小，对 RSSI 的变化越敏感，容易将漂移较小的信标节点误判，当阈值为 0.51 时，成功率为 91.09%，且误判率在 10.51%，综合效果良好，因此，选取算法的阈值 ε 为 0.51。

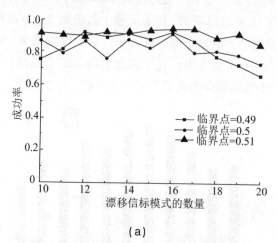

(a)

图 8-4　阈值对信标节点漂移判别的影响

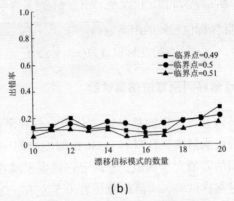

(b)

图 8-4　阈值对信标节点漂移判别的影响(续)

合适的 RSSI 数据集合的元素个数 n 有助于缩短算法运行时间, 提高判别的准确性。过小或过大的元素个数往往导致信标节点漂移判别算法对 RSSI 相似度值的波动反应敏感或迟缓, 增加误判的可能, 并降低了算法的鲁棒性。设置元素个数从 5 到 15 连续变化, 通过成功率和误判率的比较反映其对算法性能的影响。从图 8-5 中可以看出, 随着元素个数的增大, 算法的成功率首先不断地上升, 同时误判率不断地下降, 但若元素个数继续增大, 算法的成功率开始下降, 同时误判率也开始上升。过小或过大的元素个数都容易导致误判, 可以看出, 选取 RSSI 数据集合的元素个数 n 为 9 时, 算法表现最为稳定。

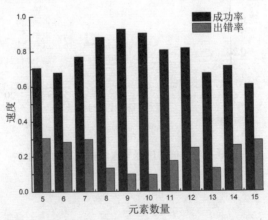

图 8-5　元素个数对信标节点漂移判别的影响

取阈值 ε 为 0.51, RSSI 数据集合的元素个数 n 为 9, 漂移信标节点的个数从 0 到 20, 其他条件不变的情况下, 将本章提出的信标节点漂移判别算法与

BMD 算法进行比较，得到 2 种算法的成功率均值分别为 92.23%、80.05%，误判率的平均值分别为 9.95%、12.47%，表明本章提出的算法比 BMD 算法在成功率和误判率上有更好的表现。

8.5.2　定位算法仿真试验

为检验算法的性能，仿真试验分为 2 组。①不进行漂移信标节点判别，直接使用本章提出的未知节点定位方法进行定位，即可能使用了不可信的信标节点位置对未知节点进行定位，称为传统方法。②进行漂移信标节点判别，并将漂移信标节点从信标结合中排出，称为丢弃漂移信标方法。仿真环境设定：粒子群规模 $R = 50$，加速常数 $c_1 = c_2 = 1.4962$，惯性权重最大值 $w_{max} = 1$，惯性权重最小值 $w_{min} = -1$，最大迭代次数 $M = 50$，收敛精度 $\varepsilon = 10^{-6}$，虚拟网格大小为 5 m ×5 m，定位结果均为相同参数下仿真 100 次所得到的平均值。从图8-6中可以看出，传统方法的定位误差较大，而采用丢弃漂移信标方法可以有效提高定位精度，误差补偿效果显著，具有良好的环境适应性。

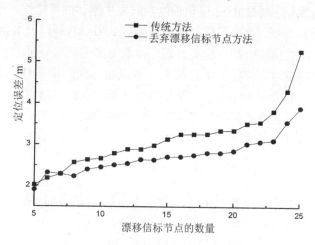

图 8-6　传统方法和丢弃漂移信标方法比较

相同仿真条件下，将本章提出的定位算法与文献[8]中的交叉粒子群定位算法进行比较，仿真结果见表 8-1，可以看出，本章提出的定位算法性能更为优越，能良好地应对漂移信标节点的影响，得到较好的定位效果，在无线传感器网络实际应用中具有一定的价值。

表 8-1　定位结果对比

定位误差	信标节点漂移判别算法	交叉粒子群优化算法
最大值/m	3.9042	5.2373
最小值/m	1.9053	2.5615
平均值/m	2.7272	3.7546

8.6　本章小结

在无线传感器网络定位过程中，信标节点发生意外的移动或定位性能剧烈波动，所提供的位置参考信息与真实位置不符，会影响整个网络的定位服务质量。本章提出了一种基于 RSSI 相似度的信标节点漂移判别机制，各信标节点彼此之间相互通信，通过 RSSI 变化程度判断发生漂移的可能性。此外，针对定位数据的高维性特征，提出了核主成分分析与 PSO-BP 神经网络相结合的定位算法，首先通过数据降维和去相关处理，提取主要的定位特征数据，然后利用PSO-BP 神经网络对定位特征信息与未知节点坐标间的非线性关系进行建模，构造定位模型。仿真试验表明，本章提出的信标节点漂移判别机制和节点定位算法具有可行性，且性能较其他算法有一定程度的提升。下一步的工作是引入辅助算法以适用于非测距的定位场景。

参考文献

[1]KUO S P, KUO H J, TSENG Y C. The beacon movement detection problem in wireless sensor networks for localization applications[J]. IEEE Transactions on Mobile Computing, 2009, 8(10): 1326-1338.

[2]GARG R, VARNA A L, WU M. An efficient gradient descent approach to secure localization in resource constrained wireless sensor networks[J]. Information Forensics and Security, IEEE Transactions on, 2012, 7(2): 717-730.

[3]MAO K J, JIN H B, MIAO C Y, et al. Sensor location verification scheme in WSN[J]. Chinese Journal of sensors and actuators, 2015, 28(6): 850-857.

[4]ZHAO X M, ZHANG H Y, JIN Y, et al. Node localization scheme in wireless sensor networks under beacon drifting scenes[J]. Journal on Communications,

2015，36(2)：2015032-1 -2015032-10.

[5]JIN H X, CAO J, WU D. Localization accuracy restoring algorithm under accuracy deterioration for WSN[J]. Chinese Journal of Scientific Instrument, 2011, 32(7)：1590-1597

[6]YE A Y, MA J F. Attack-tolerant node localization in wireless sensor networks [J]. Journal of Wuhan University of Technology, 2008, 30(7)：111-115.

[7]LUO Z, LIU H L, XU K. A secure localization algorithm against non - coordinated attack of malicious node [J]. Chinese Journal of sensors and actuators, 2013, 26(12)：1724-1727.

[8]Jun Wang, Fu Zhang, Xin Jin, et al. Localization method of agriculture wireless sensor networks based on rough set and artificial fish swarm algorithm [J]. International Agricultural Engineering Journal, 2015, 24(2)：95-103.

第9章 基于 WSN 的温室环境监测系统设计及故障诊断研究

9.1 引言

温室是采用一定的工程技术手段，按照作物生长发育要求，通过在局部范围改善或创造环境气象因素，为作物生长发育提供良好的环境条件，从而在一定程度上摆脱对自然环境的依赖进行有效生产的设施。温室是获得速生、高产、优质、高效的农产品的新型生产方式，是现代农业科技向产业转化的基础。国外对温室环境监测技术研究较早，最初在 20 世纪 60 年代应用模拟式的组合仪表，采集现场温室环境信息同时进行指示、记录，到 20 世纪 80 年代末出现了分布式监测系统，实现了远程环境信息的获取。目前，世界温室环境监测技术已经发展到较高水平，形成了成套的技术、完整的设施设备和规范，并在不断向自动化、智能化、网络化和无线化方向发展。我国温室环境监测技术的研究起步于 20 世纪 80 年代后期，经过几十年的发展，取得了令人瞩目的成就，初步形成了温室环境监测综合技术体系，但现有的温室环境监测系统布局多为有线通信方式，如 485 总线、CAN 总线等，虽然具有设备互操作性好、抗干扰能力强等优点，由于存在采样点分散、布线繁琐等问题，往往不利于系统维护和布局变动。

无线传感器网络是一种全新的信息获取和处理技术，网络由多个智能传感器节点组成，能够协作地实时感知和采集各种被测对象的信息，获得详尽而准确的数据，并发送给观测者。与传统网络相比，无线传感器网络是一种以数据为中心的自组织无线网络，集成了监测、控制以及无线通信，具有部署方便、网络拓扑结构可动态变化、无需架设网络基础设施，成本低廉等特点。目前，无线传感器网络技术在温室环境监测领域已得到较为广泛的应用。但从温室环境监测的现状来看，由于温室往往在地域上分散分布，要总揽环境信息或实现对分散在各地的温室进行环境监测，单独依靠无线传感器网络技术是无法实现的。近年来 Internet 飞速发展，基于互联网的远程控制与监测逐渐成为网络信息技术领域的热门课题，将该技术引入温室环境监测也受到越来越多的重视。

同时，在温室无线传感器网络应用过程中，传感器节点受制造工艺的限制和温室恶劣工作条件的影响，不可避免地会发生故障。故障节点会产生错误的传感数据，导致使用者无法得到正确的检测信息，从而产生错误的决策，降低整个温室无线传感器网络的工作效率和服务质量。通过故障诊断准确地对节点状态给出判断，提高传感器的可靠性和数据的有效性，对于保证温室无线传感器网络正常运行具有重要意义。

本章针对温室环境信息监测技术发展的趋势和传感器节点故障的特点，提出一种基于无线传感器网络的温室环境监测系统解决方案。首先，将无线温室环境监测技术与互联网相结合，延伸被测对象信息的传输距离，打破地域和空间的限制，实现对不同地域、不同权属、不同作物的生长环境数据的采集、存储和 WEB 发布，达到降低生产管理成本，增加农产品技术附加值，提升市场竞争力的目的；其次，采用时序分析和遗传 BP 神经网络，建立基于时间序列和神经网络的传感器节点故障诊断系统，通过对传感器样本数据进行时序分析，提取模型参数作为特征向量，并以此对遗传 BP 神经网络进行网络训练，实现传感器节点故障的诊断。

9.2　相关知识

温室环境参数的监测是精准农业实施中不可或缺的重要组成部分。如何最大限度地挖掘土壤和作物的潜力，做到实时、便捷和精准地对影响植物生长的环境因素进行测量与分析，减少作物生长发育过程中农业物资的浪费，从而降低消耗、增加利润、并保护生态环境的质量是温室环境参数监测研究的意义所在，更是当今农业可持续发展的主题。当前有很多关于温室环境监测系统的设计方法与研究。

杨紫含等为监测温室大棚内的温湿度、光照强度和二氧化碳浓度等参数，设计了一套基于无线通信的温室大棚数据采集系统。系统以单片机作为主控模块，多个传感器采集温室大棚里的环境参数，采用无线射频模块对温室环境进行无线实时监测，并显示给用户，以便用户调节温室大棚的环境因子。这套基于 STM32 单片机的系统具有实时性好、稳定性强、可视化强、成本低、便于扩展和集中式监控等特点，可以广泛地应用于室内农作物种植管理。

王秀清等构建了基于无线传感网络的温室远程监测系统，对温室环境参数和作物病害胁迫下的声发射信号进行数据采集和远程传输。系统采用 MySQL 数据库存储相关数据；采用 LabVIEW 平台开发上位机软件，进行数据分析、处理和显示；基于 B/S 和 C/S 混合型架构，利用 Apache+PHP+MySQL 组合搭建了远程温室监测平台，可实时在线远程监测、查看历史数据等。该系统可移植性好，可应用于设施农业管理。

雷禹等针对温室大棚环境监测存在精度较低、普遍采用有线传输信息的问题，设计了一种基于蓝牙通信技术的无线温室大棚环境监测系统。系统采集温室大棚的温度、湿度、光照等信息，通过 BH1750FVI 光照模块、DHT11 温湿度模块、土壤温湿度模块传送给 STC89C58RD+主控系统，通过蓝牙无线传输，实现手机远程对温度大棚的环境进行监测。通过实地测试，系统能够根据现场环境信息监测温室大棚设备，充分证明了系统的可靠性和可行性。

何耀枫等为满足现代温室环境远程实时监测、环境调控的要求，基于农业物联网的基本框架，设计了嵌入式微处理器、无线传感器网络和 Internet 网络技术融为一体的温室环境测控系统。系统分为温室现场测控层和远程监控层。现场测控层基于无线传感器网络获取温室内外环境信息，并通过网络摄像头实现实时视频监测；远程监控层置入滞环控制、模糊控制等多种控制算法，并利用 Java Script 和 AJAX 等技术为用户提供 HTML 网页的交互界面，实现温室环境远程、实时、自动监控。实验结果表明，系统可实时、准确采集环境参数，数据丢包率仅为 4.8%，实现实时、可靠的温室环境监测，可满足农业生产的基本要求。

胡晓进等设计了一种基于物联网的温室环境监控系统，可对温室大棚中的空气温湿度、土壤温湿度、二氧化碳浓度、光照度等环境因子进行远程监测和智能调控，为农作物的生长制造最佳环境。该设计以各种传感器、ZigBee、Cortex-A8 智能网关、云平台等设备构建温室环境的监控系统，计算机和手机通过 Internet 网络可与云平台进行连接，对温室环境实现远程的监测和控制。

陈慧等采用 PIC24FJ64 微处理器和 Si4432 无线收发芯片设计了无线组网模块，利用此无线组网模块搭建了温室控制器、数据采集器电路并编写了组网通信协议和上位机显示界面程序。该系统具有功耗低，数据可靠性高、适用性好的特点。经实际测试，系统休眠电流为 4.5μA，空中传输速率是 9.6kb/s，通信距离在空旷条件下可达 1000m。

9.3　基于无线传感器网络的温室环境监测系统设计

9.3.1　系统设计方案

　　系统在考虑温室分布地域广、权属分散、环境复杂等因素的基础上，结合无线传感器网络技术和远程监测技术而开发的。传感器节点通过 ZigBee 协议自动组网，与各自温室群的分布式监控中心连接，组成现场温室环境监测系统，分布式监控中心利用互联网与 WEB 服务器连接，将各温室群采集的数据应用 TCP/IP 网络通信协议实时发送到 WEB 服务器的数据库中，WEB 服务器以动态网页的形式将不同地域温室群的环境信息发布在网络上。因此，系统网络结构设计为如图 9-1 所示的三层架构，即包括节点层、分布式管理层和 WEB 服务层。

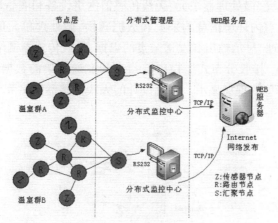

图 9-1　网络结构图

　　节点层为系统底层，是部署在温室内的传感器节点所组成的监测网络，传感器节点将采集的数据通过无线网络以多跳方式送入分布式管理层的分布式监控中心，分布式监控中心具有两大功能：一是控制汇聚节点，接收、存储和管理节点层数据；二是向 WEB 服务器的数据库发送采集数据。WEB 服务层是基于 B/S 架构的网络应用系统，它将各温室群上传的环境信息存储于 SQL 数据库中，并将数据以网页形式进行发布，注册用户通过浏览器即可访问、查询和下载所需的数据，实现数据的远程可视与共享，数据流程图如图 9-2 所示。网络结构中采用分层式架构，当发生网络中断、数据无法上传时，不会影响各温室群环境监测系统的工作，而各温室群又相互独立，某一温室群设备的故障，也不会影响其他温室群环境监测系统的工作。

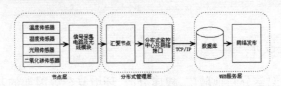

图 9-2　数据流程图

9.3.2　系统实现

1.节点层实现

传感器节点是温室内的监控中心，根据设计要求，应具有温室环境信息采集、数据无线发送、友好的人机交互接口的功能。为了实现上述功能，传感器节点包括传感器单元、微处理器单元、无线传感器网络设备和液晶显示单元等。传感器模块负责温室内环境信息的采集和数据转换；微处理单元负责传感器节点的工作控制，处理、显示输出和发送采集的数据；无线传感器网络设备负责构建自组织无线网络，接收分布式监控中心指令和发送采集的数据；液晶显示单元负责温室环境信息的现场显示。系统设计的无线传感器网络节点硬件结构如图9-3 所示。

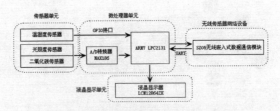

图 9-3　无线传感器网络节点硬件结构

（1）传感器单元。典型的温室环境包括温度、湿度、光照、气体和土壤等，综合考虑温室环境对作物生长影响的重要性和关联性，系统选取温度、湿度、光照、二氧化碳为采集的环境因子。传感器是进行数据采集的基础和前提，它的准确性和合理性对整个系统的性能有重要影响。对于传感器的选用，应遵循实用、经济、准确、耐用的原则。具体的传感器型号与参数如下所述。

温度、湿度测量采用 DHT85 数字温湿度传感器。DHT85 是由瑞士 Sensirion

公司生产的一款高度集成的插针型传感器，采用专利的 CMOSens@ 技术，提供全量程标定的数字输出信号。由于采用了优化的集成电路形式，使其具有极高的可靠性与卓越的长期稳定性。传感器包括一个电容性聚合体敏感元件和一个用能隙材料制成的温度敏感元件，并在同一芯片上与 14 位的 A/D 转换器以及串行接口电路实现无缝连接，芯片与外围电路采用两线制连接。DHT85 的主要性能参数如下：

测量范围：湿度 0~100%RH，温度 -40~123.8℃

分辨率：湿度 0.03%RH，温度 0.01℃

精度：2.0%RH

光照测量采用邯郸清胜电子科技有限公司生产的 SC-GZ 光照度传感器。SC-GZ 具有体型小巧，安装方便，壳体结构设计合理，使用寿命长，测量精度高，稳定性好，传输距离长，抗外界干扰能力强等特点。SC-GZ 的主要性能参数如下：

测量光线范围：0~200 klux

精度：±5%

反应时间：100ms

供电电压：9~12V DC

输出信号：0~2V

二氧化碳测量采用美国 GE/Telaire 公司设计生产的 T6004 二氧化碳传感器。T6004 利用单波非色散红外原理（NDIR）检测二氧化碳浓度，由一个镀金封装的光学系统，以及提供校对数字或者模拟信号输出的电子部件组成。气体取样方式为流入或者扩散。T6004 的主要性能参数如下：

测量范围：0~2000ppm

精度：±40ppm

稳定性：在使用寿命期间（15 年）<2 % FS

输出信号：0~4V

（2）微处理器单元。微处理器采用 PHILIPS 公司的 ARM7TDMI-S 核 CPU LPC2131，该处理器具有支持实施仿真、跟踪、JTAG 调试和 ISP 编程等功能。LPC2131 带有 8KB 片内静态 RAM，32KB 的高速 Flash 存储器，内部具有标准 UART、硬件 I^2C、SPI、PWM、ADC、定时器等众多外围器件，特别适合应用于工业控制与监测领域。模拟信号的采集是智能化传感器网络节点的重要组成部分。LPC2131 内部自带的 10 位 A/D 转换器，考虑传感器的输出电压范围，如选用自带 A/D 转换器，会使转换精度较低，不能满足要求。微处理器单元采用美信（Maxim）公司 12 位 8 通道单端/4 通道差分 A/D 转换器 MAX186 作为外接 A/D

转换器，它具有 SPI/QSPI/Micro Wire 兼容的 4 线串行接口，由单 5V 或双±5V 电源供电，有较高的转换速度，功耗极低。工作时，处理器接收传感器的输出信号，进行转换得到相应的环境因子数据，通过液晶显示屏显示对应数据，同时等待分布式监控中心的数据上传指令，收到指令后，将最新的采样数据通过无线网络送出。

（3）无线传感器网络设备和液晶显示单元。系统节点层无线传感器网络构建选用 ZigBee 协议。ZigBee 是一种低速率、低成本、低功耗的短程双向无线网络通信协议，ZigBee 用于温室无线传感器网络协议具有广阔的应用前景。节点层无线传感器网络设备选用上海顺舟网络科技公司 SZ05 系列无线嵌入式数据通信模块，该模块采用标准 Z-BEE 无线技术，工作频率波段 2.405GHz～2.480 GHz，最大发射电流 70mA，最大接收电流 55mA，待机电流 10mA，明视通信距离 2km，具有抗干扰能力强、组网灵活等优点，可实现多设备间的数据透明传输。

液晶显示单元选用北京青云科技生产的图形点阵液晶显示单元 LCM12864ZK，其屏幕由 128×64 点构成，可显示四行、每行 8 个汉字。 LCM12864ZK 与 ARM 微处理器接口灵活，有并行、串行两种模式，其中并行模式又有 8 位/4 位两种解法，串行模式又分 3 线/2 线两种接法。系统传感器网络节点采用串行 3 线接法，可有效节省的 GPIO 端口。

考虑节点容量、传输距离、采样频度等因素，节点层传感器网络拓扑结构设计为网状网络。网状拓扑结构是多跳（multi-hop）系统，所有无线传感器节点可直接互相通信，也可与汇聚节点进行数据传输，网络的覆盖范围通过不同节点之间的相互传送来增大，不会像星型网络会受无线通信距离的直接影响。温室环境监测传感器网络中，所有网络节点设备角色在网络创建前预先设定，网络节点配置为汇聚节点、中继路由节点。汇聚节点在一个温室群中只有一个，负责控制网络数据传输，中继路由节点负责将远端数据通过单跳或多跳的方式发送到汇聚节点，并兼其终端节点功能。为了避免多个中继路由节点向汇聚节点集中传送数据可能导致的网络拥塞，汇聚节点工作采用巡检方式（采集时序如图 9-4 所示），即向网段内的中继路由节点逐个发送数据传输指令，节点收到控制指令后向汇聚节点发送数据，如果汇聚节点在单个节点采样时间 T_{task} 内收到数据，则将数据上传至分布式管理中心；否则，跳过该节点，向下一个节点发送数据传输指令。由图 9-4 分析可知，单个节点采样时间为

$$T_{task} = T_b + T_{reg} + T_{trans} + T_{route} + T_{sleep} \tag{9-1}$$

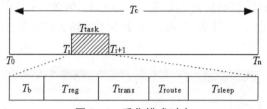

图 9-4　采集模式时序

T_c — 单次采样任务时长　　　　　T_b — 汇聚节点广播发送控制帧时间段

T_i — 节点 i 采样开始时间　　　　T_{reg} — 路由更新，对应节点确认时间段

T_{i+1} — 节点 i 采样结束时间　　　T_{trans} — 节点响应，发送指定数据时间段

（即节点 $i+1$ 采样开始时间）　　T_{route} — 数据路由多跳传至汇聚节点时间段

T_{task} — 单个节点采样时长　　　　T_{sleep} — 节点空闲时间段

测试所布设传感器节点的通信性能，分别向每个节点发送 50 个控制帧，每帧间隔 5s，统计发送控制帧至传感器节点收到数据包的通信时间 T，$215\text{ms} \leqslant T \leqslant 1453\text{ms}$，为保证通信的可靠性，$T_{task}$ 应大于 1453ms。

节点的通信除了保证无线通信模块的正常工作外，还应该具备一套稳定可靠的通信协议。节点定义的数据帧格式为网段 ID（2 Bytes）+节点编号（2 Bytes）+温度值（6 Bytes）+湿度值（5 Bytes）+二氧化碳浓度值（4 Bytes）+光照度值（5 Bytes），其中网络 ID 用于区分各个温室群，节点编号采用二进制编码，范围为 0~255，数据帧示例如：01_02_+32.15_56.45_0452_011.3，其中由于温度值存在正负值的可能，所以其数据格式需增加 1 位符号位。

2.分布式管理层实现

分布式管理层是现场温室环境监测系统的核心，其组件分布式管理中心的本质是一台安装有数据监测软件的计算机，分布式管理中心负责包括传感器网络节点的搜索，数据上传指令的发出，无线数据的接收，环境数据与温室信息的综合管理，报警信息处理和经 Internet 向 WEB 服务器的数据库发送数据等工作，在整个系统中具有承上启下的关键作用。分布式管理中心数据监测软件以 Visual Studio 2008 环境下 C#语言为工具，采用 SQL Server 2008 数据库开发，软件采用 Dundas Chart 结合数据库作为报表管理方案。按照分布式管理中心的功能要求，数据监测软件包含以下三大功能模块：

（1）无线通信控制模块：管理分布式管理中心硬件部分（汇聚节点），完成无线传感器网络节点指令和数据的收发。该模块主要针对 RS232 标准串行接口操作，编程时应用开发环境中 System.IO.Ports 命名空间的串行类（Serial Port）实现串行通信，使用时数据监测软件利用串口控制汇聚节点以点对点模式向所在温室群内的传感器网络节点发布指令，传感器网络节点则以主从模式对汇聚节点进行响应，软件默认的通信设置为：COM1，9600b/s，无奇偶效验位，8 位数据位，1 位停止位。图 9-5 所示为数据监测软件搜索节点完成后的用户界面。

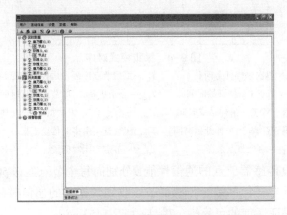

图 9-5 搜索节点完成后的用户界面

（2）数据与信息管理模块：完成对温室与节点关系映射、监测温室的选择、采样时间频率、后台数据库连接等设置，实现对温室职工、作物、种植记录、监测标准等基础信息的管理，以及对数据的采集、查询、图形显示和统计。采样设置、实时数据列表监测分别如图 9-6 与图 9-7 所示。

图 9-6 采样设置界面

数据与信息管理模块中大量应用数据库操作，对数据库的访问是通过 ADO.NET 编程实现的，ADO.NET 屏蔽了数据库大量的复杂操作，实现数据库的相对简单操作。另外，数据监测软件中集成了图表控件 Dundas Chart，使得软件拥有较强的动态数据曲线和统计报表绘制功能。实时数据的动态显示如图 9-8 所示,可以看出,短时间内温室的相对湿度在 47.8%RH~49.4%RH 范围波动,考虑到传感器的精度(2.0%RH),数据波动符合温室环境特征,表明传感器节点在温室特定环境条件下(高温、高湿)能较好地运行,可以实现对温室环境因子的监测与采集;湿度数据连续没有断点,说明传感器节点层具有良好的自组织和通信能力。

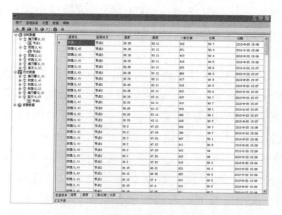

图 9-7　温室数据列表监测界面

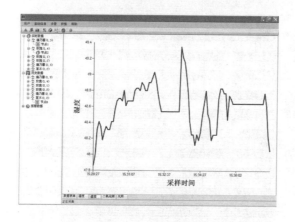

图 9-8　数据动态显示界面

　(3)数据传输模块:负责将分布式管理中心所采集的温室环境数据通过 Internet 发送至 WEB 服务器的数据库。该模块的实现主要是通过 Socket(TCP/IP)编程,通信过程是分布式管理中心建立一个 Socket,设置好 WEB 服务器端的 IP 和提供服务的端口,发出连接请求,接收到服务确认后,开始与 WEB 服务器进行通信。

3.WEB 服务层实现

WEB 服务层是整个温室环境远程监测系统的核心和中枢，WEB 服务层硬件上包括网络连接设备（路由器、交换机等）和服务器，软件上包括 WEB 服务程序和数据库，其中服务器需具有独立的公网 IP，分布式管理层才能通过 IP 地址和服务端口与服务器建立网络连接。服务器操作系统采用 Microsoft Windows Server 2003，数据库采用 SQL Server 2008，为系统提供稳定的服务支持。WEB 服务层在.NET Framework 环境下选用 C#作为开发语言，采用 ASP.NET 技术实现 B/S 体系结构。

WEB 服务器程序按功能分为四个部分：基础信息维护、数据采集与存储、数据处理与查询、数据动态浏览。基础信息维护包括维护温室的基础数据（种植历史、作物种类、单位产量等），管理温室空间分布地图数据，负责用户信息统计与权限分配。数据采集与存储包括采用 TCP Socket 技术监听并接收分布式管理层上传的数据，并判断其是否符合预先设计的固定格式，如果不合法，则丢弃数据，如果合法，则存储。数据处理与查询包括管理上传的数据，对数据进行统计分析，采用曲线图或表格显示各温室传感器节点实时监测数据，判断监测数据是否超限，提供数据查询与报表输出，数据查询如图 9-9 所示。

序号	监测项目	监测点	时间	监测值
1451	湿度	B区温室2	2010-8-27 10:54:31	29.79
1452	CO2	B区温室2	2010-8-27 10:54:31	370.00
1453	光照强度	B区温室2	2010-8-27 10:54:31	78.70
1454	温度	B区温室3	2010-8-27 10:54:36	33.96
1455	湿度	B区温室3	2010-8-27 10:54:36	35.78
1456	CO2	B区温室3	2010-8-27 10:54:36	369.00
1457	光照强度	B区温室3	2010-8-27 10:54:36	78.50
1458	温度	A区温室2	2010-8-27 10:54:41	30.68
1459	湿度	A区温室2	2010-8-27 10:54:41	45.76
1460	CO2	A区温室2	2010-8-27 10:54:41	380.00
1461	光照强度	A区温室2	2010-8-27 10:54:41	80.20
1462	温度	B区温室3	2010-8-27 10:54:51	34.04
1463	湿度	B区温室3	2010-8-27 10:54:51	35.88
1464	CO2	B区温室3	2010-8-27 10:54:51	367.00
1465	光照强度	B区温室3	2010-8-27 10:54:51	75.60
1466	温度	A区温室2	2010-8-27 10:54:56	30.63
1467	湿度	A区温室2	2010-8-27 10:54:56	44.31
1468	CO2	A区温室2	2010-8-27 10:54:56	380.00
1469	光照强度	A区温室2	2010-8-27 10:54:56	80.30
1470	温度	B区温室3	2010-8-27 10:55:11	34.19
1471	湿度	B区温室3	2010-8-27 10:55:11	33.90
1472	CO2	B区温室3	2010-8-27 10:55:11	416.00
1473	光照强度	B区温室3	2010-8-27 10:55:11	81.30

图 9-9　数据查询界面

数据动态浏览：授权指定用户通过浏览器访问 WEB 服务器程序，通过地图热点技术点击所要查询的温室图标，就能浏览该温室的动态数据信息。

图 9-10 为通过 Internet 网络访问 WEB 服务器查看到的 B 区 3 号温室的 2010 年 8 月 27 日的监测曲线图，从图中可以看出，在中午近 12：00 附近温室温度升高超过上限 38℃；由于温室卷膜通风和高温蒸腾作用，温室的湿度呈缓慢下降趋势，但未超过下限 20%RH；温室种植前期作物群体较小，群体光合较弱，二氧化碳浓度一直保持较好的水平；由于夏季日照持续时间长，强度差异较小，光照度未发生较大变化。

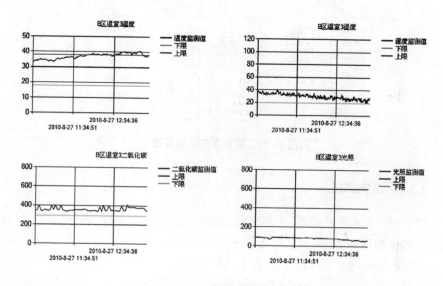

图 9-10 WEB 页面数据显示

数据库应用系统开发时，数据库表关系模型设计是系统功能所依赖的关键环节。创建合理的数据库表关系模型是一个高性能应用系统所必需的，其设计的好坏直接影响了应用系统的运行效果，特别是系统的实时响应能力。为了更有效地利用数据库的功能，同时减少数据提取的复杂性，所设计的数据库表关系模型如图 9-11 所示。

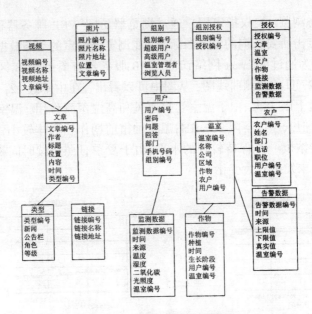

图 9-11　数据库表关系模型

9.3.3　系统测试

部署时，温湿度传感器、光照度传感器、二氧化碳传感器加防护罩后，由挂钩置于离作物顶端20cm处，传感器通过电缆接入节点。节点固定在温室墙体上，为防止障碍物对无线信号的阻挡，将2.4GHz/5m吸盘天线连接ZigBee通信模块后穿过温室顶部保温板安置在温室顶部。计算自由空间传播时的理论无线通信距离。

$$[L_{fs}] = 32.44 + 20\lg d + 20\lg f \tag{9-2}$$

式中，$[L_{fs}]$ 为传输损耗，db；d 为传输距离，km；f 为工作频率，MHz。无线通信模块的工作频率为2.425GHz，发射功率25dBm，吸盘天线损耗每米3dBm，接收灵敏度-94dBm。

$$[L_{fs}] = 10 - (-94) = 104 \tag{9-3}$$
$$104 = 32.44 + 20\lg d + 20\lg 2405 \tag{9-4}$$

计算出传输距离 $d = 1.57$km。在实际应用中，由于受到各种干扰因素的影响，会使实际的通信距离与理论计算的传输距离相差较大。实际测试单跳通信距离最大值为856m。

对系统进行了约5个月的运行测试，除了受当地偶有断电或人为误操作等干扰外，系统一直能稳定工作(无故障天数141d)。试验与运行效果表明传感器节点性能稳定、传输数据准确可靠、分布式管理中心软件操作简单、WEB 服务器程序运行稳定，达到了设计功能，实现了整个温室环境远程监测系统的协调可靠工作，真正实现了足不出户，即可查看温室环境信息，并提供决策管理的支持。

9.4　基于时间序列和神经网络的温室传感器节点故障诊断

9.4.1　传感器节点的故障模型

在温室环境远程监测系统中，传感器节点具有终端和路由的功能：一方面实现温室环境数据的采集和处理；另一方面实现温室环境数据的融合和路由，将本身采集的数据和收到的其他节点的数据进行综合，转发路由到汇聚节点。实际应用中，传感器节点是温室无线传感器网络中最容易出现故障的环节，温室无线传感器网络中故障节点会产生并传输错误数据，不仅消耗节点的能量和带宽，而且导致错误决策。传感器节点故障分为两类：硬故障和软故障。硬故障是指传感器节点的某一模块发生故障，以至不能和其他节点通信（如电池能量耗尽、电路故障、天线损坏和 CPU 模块故障等原因造成的无法通信）；软故障是指传感器节点仍可以继续工作并与其他节点通信，但节点所感知的数据不正确，如辐射干扰、电源干扰、传感器故障等原因所引起的传感器误差。硬故障时传感器节点实际已退出无线传感器网络，更换或维修即可。传感器节点软故障所引起的传感器误差是指无故障时应输出的信号与故障时实际输出信号之间的偏差。按故障的表现可分为卡死故障、恒增益故障、恒偏差故障、冲击故障。不失一般性，仅考虑 1 个传感器故障时的模型。

令 $S_{out}i(t)$ 为第 i 个传感器 t 时刻的实际输出，$S_{out}i'(t)$ 为其无故障状态 t 时刻应输出的信号，$i = 1, 2, \cdots, m$。各故障类型模型如下：

（1）卡死故障传感器的敏感器件失去作用，传感器的输出为一个常数 A。

$$S_{out}i(t) = A \tag{9-5}$$

（2）恒增益故障复杂的工作环境使传感器的增益值发生较大的变化，β_i 为增益变化的比例系数。

$$S_{out}i(t) = \beta_i S_{out}i'(t) \tag{9-6}$$

（3）恒偏差故障由于污染的原因，传感器产生慢漂移现象，在某一时间段内，其输出数据表现为恒偏差 Δ。

$$S_{out}i(t) = S_{out}i'(t) + \Delta \tag{9-7}$$

（4）冲击故障传感器受外界干扰，在较短的时间内产生突变 D，其中 $t=p$ 时，θ 值为1，$t \neq p$ 时，θ 值为0。

$$S_{out}i(t) = S_{out}i'(t) + D\theta(t) \tag{9-8}$$

9.4.2 传感器节点故障诊断方法

时间序列是系统历史行为的客观记录，它包含了系统动态特征的全部信息，可以通过研究时间序列中数值上的统计相关关系，来揭示相应温室环境系统的动态结构特征和规律。由于温室环境系统的复杂性和传感器节点故障形式的多样性，传感器信号和节点状态信息之间并不存在确定的函数关系，其信号集与状态集之间是一个复杂的非线性映射。人工神经网络理论为描述这种映射关系提供了有效的工具。它通过对各种信号的处理和标准样本的学习过程，可以将处理和学习过程以权值和阈值的模式集中存储于网络中，进而利用网络的联想能力实现从信号集到状态集的非线性映射。将时间序列用于故障诊断，其基本思想是：对一种温室环境因子选取与故障相关的有限长度状态变量，建立时间序列过程模型，提取模型的特征参数作为特征矢量来训练网络，通过确定状态序列的特征矢量到故障类型的空间映射，达到判别故障类型的目的。

基于时间序列和神经网络的故障诊断可分为故障特征参数提取和神经网络模式识别两个过程。首先，由故障发生器产生随机故障，对传感器节点各种不同性质的故障以及不同故障程度的工作状态样本进行分析，提取反映系统动态特征的参数。时间序列模型中可用以表达系统动态特征的参数有：模型阶数、模型参数、残差方差、模型的特征根以及时序模型频谱等，综合考虑选用模型参数作为特征参数。然后，将同类型运行状态的特征参数作为训练样本，对网络进行训练、计算，使网络实际输出与期望输出误差平方和达到最小，并将训练后的网络保存。最后把需要诊断的传感器节点运行状态的特征向量输入网络，将计算得到的网络输出结果与标准输出向量作比较，判断传感器节点处于正常运行状态或哪种故障状态，从而实现传感器节点的故障诊断。故障诊断系统结构如图9-12所示。

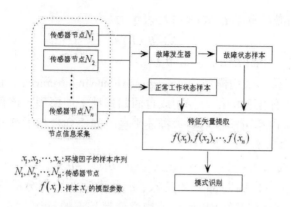

图 9-12　故障诊断系统结构

9.4.3　时间序列模型

时间序列模型是以参数化模型处理动态随机数据的一种实用方法。通过对实测数据序列的统计处理，将其拟合成一个参数模型，再利用这个模型来分析研究实测数据序列内在的各种统计特性与规律。

1. 时间序列模型的选择

在统计学中，时间序列可以建立自回归模型、移动平均模型、自回归移动平均模型等。

（1）自回归模型（auto regressive）。

自回归模型描述序列 $\{x_t\}$ 在某时刻 t 和前 p 个时刻序列值之间的线性关系表示为

$$x_t = \varphi_1 x_{t-1} + \varphi_2 x_{t-2} + \cdots + \varphi_p x_{t-p} + \varepsilon_t \tag{9-9}$$

其中随机序列 $\{\varepsilon_t\}$ 是白噪声，且 $\{\varepsilon_t\}$ 和序列 $\{x_t\}$ 不相关，称模型为 p 阶自回归模型，记为 $AR(p)$。为了表述上式的方便，引进滞后算子 L，其意义为 $Lx_t = x_{t-1}$，一般有 $L^n x_t = x_{t-n}$ 且 $L^0 x_t = x_t$，所以 $AR(p)$ 可以简单的表示为

$$(1 - \varphi_1 L - \varphi_2 L^2 - \cdots - \varphi_p L^p) x_t = \varepsilon_t \tag{9-10}$$

记 $\varphi_p(L) = 1 - \varphi_1 L - \varphi_2 L^2 - \cdots - \varphi_p L^p$ 则上式可以简写为

$$\varphi_p(L) x_t = \varepsilon_t \tag{9-11}$$

（2）移动平均模型（moving average）。移动平均模型描述序列 $\{x_t\}$，x_t 表示为若干个白噪声的线性加权和。q 阶移动平均模型表示为

$$x_t = \varepsilon_t + \theta_1 \varepsilon_{t-1} + \theta_2 \varepsilon_{t-2} + \cdots + \theta_q \varepsilon_{t-q} \tag{9-12}$$

其中，$\{\varepsilon_t\}$ 为白噪声序列，并记为 $MA(q)$。

同样,利用滞后算子 L,式(9-12)表示为

$$x_t = \theta_q(L)\varepsilon_t \tag{9-13}$$

其中,$\theta_q(L) = 1 + \theta_1 L + \theta_2 L^2 + \cdots + \theta_q L^q$。

(3)自回归移动平均模型(auto regressive moving average)。自回归模型和移动平均模型,两种模型的结合就构成自回归移动平均模型。该模型兼顾前面两种模型的特点,以尽可能少的参数描述平稳时间序列数据的变化过程。自回归移动平均模型表示为

$$x_t = \varphi_1 x_{t-1} + \varphi_2 x_{t-2} + \cdots + \varphi_p x_{t-p} + \varepsilon_t + \theta_1 \varepsilon_{t-1} + \theta_2 \varepsilon_{t-2} + \cdots + \theta_q \varepsilon_{t-q} \tag{9-14}$$

该模型中 p 为自回归部分的阶数,q 为移动平均部分的阶数,因此记为 ARMA(p, q)。自回归模型和移动平均模型都是它的特例,即 ARMA$(p, 0)$ 为 AR(p),ARMA$(0, q)$ 为 MA(p)。利用滞后算子多项式 $\varphi_p(L)$ 和 $\theta_q(L)$,ARMA(p, q) 可以改写为

$$\varphi_p(L)x_t = \theta_q(L)\varepsilon_t \tag{9-15}$$

自回归模型(AR)是描述序列 $\{x_t\}$ 在某时刻 t 和前 p 个时刻序列值之间的线性关系,应用较多的情况是数据不存在大的波动,且数据存在一定的单调性。移动平均模型(MA)主要用于处理谱密度在整个频率轴上为非零常数,且均值为零的平稳过程,另外移动平均模型多用作对自回归模型的补充和微调。传感器节点数据短时间内波动较小,均值不等于零,同时表现为非平稳过程,而自回归移动平均模型(ARMA)既综合了自回归描述曲线大致走向的主要特征,又以移动平均作为曲线微调的依据,所以应该选择自回归移动平均模型作为传感器节点时间序列数据分析的算法。

2.时间序列建模及参数估计

时间序列建模是传感器节点故障诊断的关键步骤,因为它涉及传感器数据序列特征参数的提取。建模的内容包括数据的采集和预处理、模型形式的选取、模型参数的估计、模型定阶等问题,其中最关键的是模型参数的估计。

(1)样本序列预处理。对时间序列 $\{x_t\}$ 进行零均值化处理,得到零均值化后的序列:$\{x_t'\} = \{x_t - \bar{x}\}$,其中 $\bar{x}$ 是序列 $\{x_t\}$ 的平均值。零均值化后的样本序列往往表现出一定的趋势性,需对数据进行差分处理,形成新的序列:$\{x_t''\} = \{x_{t+i}' - x_t'\}$,其中 i 为周期长度。

(2)定阶。ARMA(p, q) 模型建模过程中,首先要解决定阶问题,即估计 p、q 的值,预处理后的样本序列定阶采用 AIC 准则法。AIC 准则函数为

$$AIC = 2k - 2L(\beta) \tag{9-16}$$

式中,k 为独立参数;B 为参数的最大似然估计值;$L(\bullet)$ 为似然函数。ARMA 模

型似然函数近似为

$$
\left.
\begin{aligned}
L(\hat{\beta}) &= -\frac{n}{2}\lg 2\pi - \frac{n}{2}\lg\hat{\sigma}^2 - \frac{S(\hat{\beta})}{2\hat{\sigma}^2} \\
\hat{\sigma}^2 &= \frac{1}{n}S(\hat{\beta}) \\
\hat{\beta} &= (\hat{\varphi}, \hat{\theta})^T = (\varphi_1, \varphi_2, \cdots, \varphi_p, \theta_1, \theta_2, \cdots, \theta_q)
\end{aligned}
\right\}
\tag{9-17}
$$

结合式(9-16)和(9-17)得：

$$
AIC(p,q) = n\lg\hat{\sigma}^2 + 2(p+q+1) \tag{9-18}
$$

ARMA(p,q) 模型 AIC 定阶准则为：选则 p、q，使式(9-18)的值最小。

（3）参数估计。ARMA 相关矩估计方法有最小二乘估计法、极大似然估计法、最大熵估计法等，综合比较后，选用极大似然估计法计算 φ 和 θ 的值。

建模时选取温室温度作为研究对象，试验选用 1 个汇聚节点和 5 个传感器节点，由故障发生器产生随机故障模拟传感器节点 5 种工况（正常运行、卡死故障、恒增益故障、恒偏差故障、冲击故障），采样周期为 8s，时间序列建模数据量为 50，试验进行 900 个周期，获取每种工况各 18 组时间序列样本。结合以上分析，采用 ARMA(3, 1)对样本序列建模，选取自回归参数 φ_1、φ_2 和 φ_3 作为特征矢量。

9.4.4　传感器节点故障诊断模型设计

BP 神经网络是一种按误差逆传播算法训练的多层前馈网络，是目前应用最广泛的神经网络模型之一。BP 网络能学习和存储大量的输入-输出模式映射关系，一个 3 层 BP 网络就可以逼近任意复杂的非线性映射，且具有一定的泛化功能，因而比较适合应用于模式识别和故障诊断。

选择 75 组特征矢量作为训练集用于网络训练，15 组特征矢量作为测试集用于检验分类效果，网络输入层为 3 个节点，分别输入 3 个自回归参数，中间层为 10 个节点，输出层为 5 个节点，分别表示 5 种状态，即网络拓扑结构为 3-10-5。用 $\mu_1 = (1, 0, 0, 0, 0)$，$\mu_2 = (0, 1, 0, 0, 0)$，$\mu_3 = (0, 0, 1, 0, 0)$，$\mu_4 = (0, 0, 0, 1, 0)$，$\mu_5 = (0, 0, 0, 0, 1)$ 分别表示 5 类状态的基准矢量，即当预测输出为 μ_1、μ_2、μ_3、μ_4、μ_5 时，分别表示输入矢量对应于正常、卡死、横增益、横偏差、冲击。故障顺序及其对应输出值见表 9-1。

表 9-1 故障顺序及其对应输出值

故障类型	目标输出对应				
正常	1	0	0	0	0
卡死	0	1	0	0	0
横增益	0	0	1	0	0
横偏差	0	0	0	1	0
冲击	0	0	0	0	1

网络训练采用并行算法,将训练样本输入,调整网络的权重,使得网络输出与理想输出之间的误差足够小到设定的阈值为止。训练结束以后,故障的特征信息就以神经网络连接权重的方式记录下来。使用 BP 神经网络进行数据训练和分类验证时发现学习训练收敛速度较慢,分类效果不佳,无法达到期望效果。鉴于遗传算法全局性搜索的特点,采用遗传算法优化 BP 神经网络,寻找最优的网络连接权值。遗传算法优化 BP 网络步骤如下:

(1)初始化种群 p,包括交叉规模、交叉概率 c、突变概率 m 以及各层之间的权值的初始化,权重采用实数编码。

(2)计算每个个体评价函数,并将其排序。可按式(9-19)概率值选择网络个体(轮盘赌选择法)。

$$p_s = f_i \Big/ \sum_{i=1}^{N} f_i \qquad (9-19)$$

式中,f_i 为个体 i 的适应度。

(3)以概率 c 对个体 G_i 和 G_{i+1} 交叉操作产生新的个体 G_i 和 G_{i+1}',没有进行交叉操作的个体直接复制。

(4)利用概率 m 突变产生 G_j 的新个体 G_j'。

(5)将新个体插入到种群 p 中,并计算新个体的评价函数。

(6)如果找到满意的个体,则结束,否则转(3)。

(7)达到所要求的性能指标后,将最终群体中的最优个体解码即可达到优化后的网络连接权重系数。

遗传 BP 算法训练网络,其误差平方和曲线、适应度曲线如图 9-13 所示。可见,遗传 BP 算法在收敛速度和误差精度方面效果明显,收敛精度非常好;在进化初期,适应度提高明显,经过大约 60 代的搜索后染色体的平均适应度趋于稳定。

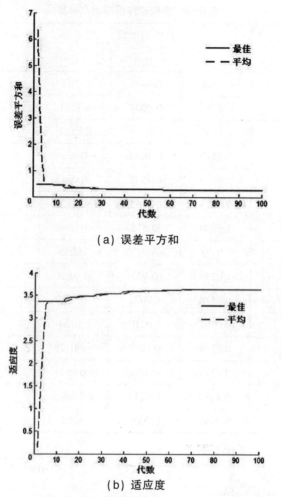

（a）误差平方和

（b）适应度

图 9-13　遗传 BP 算法训练网络的误差平方和与适应度曲线

9.4.5　试验及结果值分析

为了比较遗传 BP 网络和 BP 网络的识别性能，取未参加训练的 15 组状态参数（表 9-2）进行故障识别。仿真设定：遗传算法的参数为 $p = 50$，权重初始化空间范围 $[0, 1]$，交叉率 $c = 0.4$，变异率 $m = 0.1$，最大进化代数 $N = 100$；BP 算法参数为动量项系数 $M = 0.9$，学习率 $l = 0.01$，训练误差目标为 0.001。训练收敛情况如图 9-14 所示，训练输出结果见表 9-3。

表9-2　待检验传感器状态参数

序号	自回归参数			状态类别
	φ_1	φ_2	φ_3	
1	0.1530	0.8425	0.0436	正常
2	0.4067	0.9007	0.3551	正常
3	0.1769	0.5664	0.0522	正常
4	0.4370	0.3693	−0.0624	卡死
5	0.4950	0.3596	−0.0342	卡死
6	0.8376	0.0655	−0.1120	卡死
7	1.9170	−0.8783	−0.0446	横增益
8	1.9171	−0.9273	0.0035	横增益
9	1.9239	−0.9321	0.0019	横增益
10	0.0578	0.7675	−0.0557	横偏差
11	0.0761	0.6210	0.0164	横偏差
12	0.0238	0.7092	−0.0429	横偏差
13	0.9371	−0.0025	−0.0611	冲击
14	0.9250	0.0017	−0.0603	冲击
15	0.9449	0.0030	−0.0055	冲击

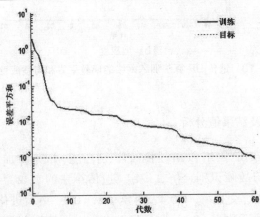

（a）遗传 BP 网络

图 9-14　遗传 BP 网络与 BP 网络的训练误差收敛曲线

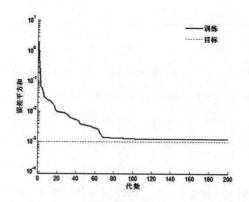

(b) BP 网络

图 9-14　遗传 BP 网络与 BP 网络的训练误差收敛曲线 (续)

表 9-3　遗传 BP 算法与 BP 算法的网络训练识别结果

序号	遗传 BP 算法网络输出					BP 算法网络输出					网络理想输出
	a_1	a_2	a_3	a_4	a_5	a_1	a_2	a_3	a_4	a_5	
1	0.9963	0.0000	0.0000	0.0018	0.0000	0.9920	0.0000	0.0000	0.0036	0.0000	(1, 0, 0, 0, 0)
2	1.0000	0.0000	0.0000	0.0000	0.0009	1.0000	0.0000	0.0000	0.0111	0.0029	(1, 0, 0, 0, 0)
3	0.9997	0.0000	0.0000	0.0001	0.0000	1.0000	0.0000	0.0000	0.0000	0.0000	(1, 0, 0, 0, 0)
4	0.0000	1.0000	0.0000	0.0000	0.0000	0.0001	0.9999	0.0000	0.0011	0.0000	(0, 1, 0, 0, 0)
5	0.0013	0.9995	0.0000	0.0000	0.0000	0.0164	0.9940	0.0000	0.0004	0.0000	(0, 1, 0, 0, 0)
6	0.0000	0.9975	0.0000	0.0000	0.0019	0.0000	0.9995	0.0000	0.0000	0.0026	(0, 1, 0, 0, 0)
7	0.0000	0.0000	0.9999	0.0000	0.0001	0.0000	0.0000	0.9997	0.0000	1.0000	(0, 0, 1, 0, 0)
8	0.0001	0.0000	0.9999	0.0000	0.0002	0.0000	0.0000	0.9997	0.0000	1.0000	(0, 0, 1, 0, 0)

序号	遗传 BP 算法网络输出					BP 算法网络输出					网络理想输出
	a_1	a_2	a_3	a_4	a_5	a_1	a_2	a_3	a_4	a_5	
9	0.0001	0.0000	0.9999	0.0000	0.0002	0.0000	0.0000	0.9997	0.0000	1.0000	(0, 0, 1, 0, 0)
10	0.0000	0.0000	0.0000	1.0000	0.0000	0.0000	0.0000	0.0000	1.0000	0.0000	(0, 0, 0, 1, 0)
11	0.0000	0.0000	0.0000	0.9999	0.0000	0.0002	0.0000	0.0000	0.9925	0.0000	(0, 0, 0, 1, 0)
12	0.0000	0.0000	0.0000	1.0000	0.0000	0.0000	0.0000	0.0000	1.0000	0.0000	(0, 0, 0, 1, 0)
13	0.0000	0.0003	0.0003	0.0000	0.9989	0.0000	0.0047	0.0001	0.0000	0.9962	(0, 0, 0, 0, 1)
14	0.0000	0.0003	0.0002	0.0000	0.9984	0.0000	0.0071	0.0001	0.0000	0.9950	(0, 0, 0, 0, 1)
15	0.0002	0.0000	0.0004	0.0000	0.9999	0.0000	0.0000	0.0006	0.0000	1.0000	(0, 0, 0, 0, 1)

注：a_1、a_2、a_3、a_4、a_5 为网络输出向量的元素。

分析可知：

（1）网络经初始寻优后，初始权值达到最优，在此基础上网络能准确、全面、快速地表示传感器节点故障诊断的知识，遗传 BP 网络诊断结果与实际故障状况十分相符，其准确度明显高于 BP 网络。

（2）由图 9-14 可以看出，遗传 BP 网络及 BP 网络的前期收敛效果相近；在后期 BP 网络收敛很慢，几乎停滞不前，需经较长步数后才能达到收敛精度；而遗传 BP 网络能在 60 步时迅速得到最优解，比 BP 网络的收敛速度快得多。

（3）从表 9-3 的训练结果可以看出，测试样本经遗传 BP 网络识别的输出矢量与同类故障基准矢量的距离都接近于 0，而与不同类故障的基准矢量的距离都比较大；遗传 BP 网络和 BP 网络与标准矢量的欧式距离的和分别为 0.0070 和 3.0426，表明遗传 BP 网络能很好地进行传感器节点故障诊断，识别精度高，而传统 BP 网络识别精度较低，尤其无法识别故障状态 μ_3。

9.5　本章小结

本章开展了基于 WSN 的温室环境监测系统设计及故障诊断研究，主要成果与意义在于：

（1）设计了节点通信协议，开发了分布式管理中心数据监测软件。所部署的传感器节点能够自组织成一个独立的无线传感网络，对温室内的环境因子进行实时、自动、稳定监测。分布式管理中心把传感器节点发送过来的采集信息传送至 WEB 服务器。与传统的温室环境监控系统相比，本系统在简化设备安装、提高系统可移动性等方面效果十分显著。

（2）传感器节点采集数据通过汇聚节点最终传送至远程 WEB 服务器，注册用户通过 WEB 浏览器就可以从不同的地点登陆服务程序，实现对采集数据的分析处理和系统运行的远程、实时监控。

（3）将无线传感器网络和互联网远程监测技术应用于温室环境监测领域，提出节点层、分布式管理层和 WEB 服务层的三层网络架构，实现了不同地域温室群分布式管理和远程数据信息共享的结合与统一。

（4）时间序列用于温室传感器节点故障诊断，可充分利用时间序列分析的优越性，提取传感器节点各种状态下的特征参数，为多参量融合的传感器节点故障诊断提供条件。

（5）遗传算法具有很强的宏观搜索能力，且能以最大的概率找到全局最优解。仿真表明，将遗传算法和 BP 网络两者结合用于识别传感器节点故障类型，能达到优化网络的目的，训练误差下降速度很快，60 步时就达到设定的网络误差值。

（6）将时间序列和遗传 BP 网络用于传感器节点故障诊断，通过对 75 组样本进行训练、15 组样本识别与分析，诊断结果区分明显，表明该方法能深入挖掘数据中有关故障信息，在故障模式识别中具有较高的辨识度。

参考文献

[1]杨紫含，沈王姚，苏和平，等. 基于 STM32 单片机的温室环境监测系统设计[J]. 信息技术与信息化，2018(05)：61-63.

[2]王秀清，刘青，赵继民，等. 温室远程监测系统研究[J]. 天津科技大学学报，2018，33(01)：52-55.

[3]雷禹, 刘忠富, 马雅盼, 等. 基于蓝牙通信技术的无线温室大棚环境监测系统设计[J]. 山西电子技术, 2018(01): 45-47,55.

[4]何耀枫, 梁美惠, 陈俐均, 等. 基于物联网的温室环境测控系统[J]. 郑州大学学报(理学版), 2018, 50(01): 90-94.

[5]胡晓进, 李江涛, 郭显显. 基于物联网的温室环境监控系统设计[J]. 电脑迷, 2018(01): 75-77.

[6]陈慧, 吴次南, 刘泽文. 基于 Si4432 的温室环境监测无线组网模块设计[J]. 单片机与嵌入式系统应用, 2018, 18(01): 45-47.